1日1ページで身につく

＼イラストでわかる／

天気の教養365

監修：武田康男

はじめに

　今の天気はどうですか？　晴れ・くもり・雨のうち、どれでしょうか？　もし快晴でないとしたら、どんな雲がありますか？　気温は高いですか？　低いですか？　しめり気はどうでしょう？　風はありますか？　そして、昨日とはどんなちがいがありますか？……こんな風に、ひとことで「天気」といっても、そこにはいろいろなことがふくまれていますね。わたしたちは毎日、ふだんの会話のなかで自然と、天気にかかわりのあることをたくさん話しています。

　みなさんはいつも、天気予報で降水確率を見て、かさを持っていくかどうか決めているのではないでしょうか。天気予報は、安全で健康な毎日をすごすうえで、欠かすことのできないものです。現在では、たくさんのことを科学的に調べてコンピューターで計算をし、さまざまな予報がつくられています。テレビやインターネットでは、気象予報士の人たちが予報の理由をていねいに説明してくれます。多くの人による研究の積み重ねのおかげで、かなり当たるようにもなりました。

　ただし自然はとても複雑で、人間が予想もしないようなことを、しばしば引きおこします。異常気象もときど

き発生しますし、地球温暖化についても、これからどうなるのか、わからないことがまだまだたくさんあります。

　では、天気のことをもっとよく知るには、どうすればよいでしょうか？　学校の教科書には、天気については少ししか書かれていませんね。とはいえ、急にむずかしい本を読んでも、よくわかりません。

　そこで、この本の出番です。この本には、天気についてみなさんが知りたいであろうテーマが365個つまっています。ひとつひとつのお話はみなさんにもわかりやすく書かれていますし、イラストもあって、楽しみながら、いつの間にか大人にも負けないくらいたくさんの天気についての知識が得られます。そうして身につけた知識は、みなさんのこれからの生活に、きっとプラスになるはずです。

武田康男

この本のつかい方

1月1日から12月31日まで、天気のギモンに毎日ひとつずつ答えていきますよ。説明のためにたくさんのイラストが入っていて、わかりやすくなっているんです。きちんとおぼえて、まわりのみんなにジマンしちゃいましょう！

テーマ

雨・雪・雷	大気・風・雲	ふしぎな現象	気候・季節	天気と生活	天気の予測	人・できごと
空からやってくる、雨や雪や雷などについて解説。	地球をとりまく大気や空にうかぶ雲についてのお話。	虹や竜巻など、身のまわりのふしぎな現象を解明。	場所や季節による、天気のちがいについて解説。	天気と毎日の生活とのかかわりについてのお話。	先の天気はどうなるのか予測するしくみについて。	天気にまつわる、さまざまな人物やできごとのお話。

1月

1月5日 気候・季節

山にかこまれた土地は雨や雪が少ないのはなぜ？

→ 身のまわりのギモンが1日にひとつ出題されるよ。

💡ギモンをカイケツ！
空気が山をこえるときにかわくから。

甲府市や長野県の松本市などがこれにあたるぞ

→ ギモンについて、簡単にまとめて答えているよ。クイズになっている場合もあるよ。

🔍これがヒミツ！

①空気が高い場所にのぼると
空気は高い場所にのぼると、ふくらんで温度が下がります。温度が下がった空気はふくむことができる水蒸気の量が少なくなるため、ふくみきれなくなった水蒸気が水や氷のつぶになって、雲をつくります。

山頂の手前で水分を使いはたしてしまうんだね

かわいた空気　しめった空気　盆地

②雨や雪をふらせた空気はかわく
こうしてできた雲は、やがて山ののぼり側で雨や雪をふらせます。その結果、空気のなかの水分は減り、かわいた空気になります。

→ ちょっとむずかしいお話はイラストで説明するよ。

③かわいた空気は雨や雪をふらせない
山をこえたあとは空気はかわいているので、雲ができず雨や雪がふることはありません。そのため、盆地とよばれる山にかこまれた土地は、どの方角からもかわいた空気が入り、雨や雪が少ないのです。

→ そのページのテーマについて、重要なポイントを3つ紹介しているよ。

もくじ

はじめに … 2／この本のつかい方 … 4

1月

- 1日 冬になると雪がふるのはどうして？ …… 18
- 2日 アメリカではなぜ気温の単位がちがうの？ …… 19
- 3日 アンデルス・セルシウス …… 20
- 4日 御神渡りってどんな現象？ …… 21
- 5日 山にかこまれた土地は雨や雪が少ないのはなぜ？ …… 22
- 6日 冬にかぜをひきやすいのはなぜ？ …… 23
- 7日 「平年なみ」ってどういう意味？ …… 24
- 8日 雪とみぞれってどうちがうの？ …… 25
- 9日 冬の方が星空観察によいといわれるのはなぜ？ …… 26
- 10日 オーロラはどうしてできるの？ …… 27
- 11日 氷河時代って何？ …… 28
- 12日 ミルティン・ミランコビッチ …… 29
- 13日 人間が寒さで死んでしまうことがあるのはなぜ？ …… 30
- 14日 「西から天気は下り坂」ってどういう意味？ …… 31
- 15日 雪にいろいろな姿があるのはなぜ？ …… 32
- 16日 温度計で温度がはかれるのはなぜ？ …… 33
- 17日 ガリレオ・ガリレイ …… 34
- 18日 砂嵐はなぜおこるの？ …… 35
- 19日 地球温暖化と気候変動ってどうちがうの？ …… 36
- 20日 寒いときに鳥はだが立つのはなぜ？ …… 37
- 21日 天気って全部で何種類あるの？ …… 38
- 22日 雪はどんな形をしているの？ …… 39
- 23日 大気はどうしてよごれてしまうの？ …… 40
- 24日 雨上がりに虹ができるのはなぜ？ …… 41
- 25日 気象と気候って何がちがうの？ …… 42
- 26日 しもやけはどうしてできるの？ …… 43
- 27日 気圧の谷って何？ …… 44
- 28日 ブレーズ・パスカル …… 45

5

29日	雪の結晶は何種類あるの？	46
30日	土井利位	47
31日	大気って空のどこまでつづいているの？	48

2月

1日	天使のはしごって何のこと？	50
2日	どうして砂漠には雨がふらないの？	51
3日	寒いとどうして息が白くなるの？	52
4日	「暦のうえではもう○○」ってどういう意味？	53
5日	ジョン・ジェフリーズ	54
6日	沖縄県でも雪がふることはあるの？	55
7日	寒波って何？	56
8日	虹色じゃない虹ってあるの？	57
9日	北海道が寒くて沖縄県があたたかいのはなぜ？	58
column 01	太陽の光の角度	59
10日	寒い日に窓の内側がぬれるのはなぜ？	60
11日	春一番って何のこと？	61
12日	かまくらは雪でできているのになぜあたたかいの？	62
13日	雲は何種類あるの？	63
column 02	10種雲形	64
14日	樹氷はどうしてできるの？	66
15日	地球温暖化によってなくなるかもしれない国ってどこ？	67
16日	エルヴィン・クニッピング	68
17日	こおった湖で魚がつれるのはなぜ？	69
18日	季節予報ってどんなもの？	70
19日	きらきらかがやくダイヤモンドダストはなぜおこるの？	71
20日	気象病ってどんな病気？	72
21日	虹のふもとにはどうすれば行けるの？	73
22日	今まででいちばん寒かった日の気温はどれくらい？	74
23日	冬に水道管が破裂することがあるのはなぜ？	75
24日	コンピューターは天気予報にどのように利用されているの？	76
25日	ジョン・フォン・ノイマン	77
26日	雪がふる前に道路で見かける白いつぶの正体は？	78
27日	PM2.5ってどんなもの？	79

| 28日 | マジックアワーって何？ | 80 |

3月

1日	「寒のもどり」ってどういう意味？	82
2日	春になると花粉症の人がつらそうなのはなぜ？	83
3日	天気予報はどのくらい当たるの？	84
4日	エドワード・ローレンツ	85
5日	雪国の住まいの工夫にはどんなものがあるの？	86
6日	空気の重さってどのくらい？	87
7日	高潮と津波ってどうちがうの？	88
8日	異常気象ってどんなもの？	89
9日	天気は人間の手でかえられるの？	90
10日	正野重方	91
11日	降水確率ってどうやって計算しているの？	92
12日	中谷宇吉郎	93
13日	雪は食べてもいいの？	94
14日	爆弾低気圧ってどんなもの？	95
15日	天割れってどんな現象？	96
16日	600℃の法則って何？	97
17日	百葉箱って何？	98
18日	晴れと快晴って何がちがうの？	99
19日	雪が積もっている日はどうして静かなの？	100
20日	気団ってどんなもの？	101
21日	空に光の輪や虹色が見えることがあるのはなぜ？	102
22日	春分の日や秋分の日って、どんな意味があるの？	103
23日	3月23日が「世界気象デー」になったのはなぜ？	104
24日	「春に3日の晴れなし」といわれるのはなぜ？	105
25日	風速10m/sの風ってどんな風？	106
26日	なだれはどうしておこるの？	107
27日	風と気流ってどうちがうの？	108
28日	ブルーモーメントってどんな現象？	109
29日	桜前線って何？	110
30日	黄砂って何？	111
31日	天気が「不明」なのってどんなとき？	112

4月

- 1日 ユーニス・ニュートン・フット ― 114
- 2日 なだれからにげるにはどうすればいいの？ ― 115
- 3日 高い山の上ではお湯がはやくわくのはなぜ？ ― 116
- 4日 さかさまの船が空にうかんで見えることがあるのはなぜ？ ― 117
- 5日 桜の開花日どのように判断するの？ ― 118
- 6日 くもりの日は気温の変化が小さいのはなぜ？ ― 119
- 7日 天気図の記号って何種類あるの？ ― 120
- column 03 天気記号 ― 121
- 8日 ユルバン・ルヴェリエ ― 122
- 9日 雨はどうしてふるの？ ― 123
- 10日 風はどうしてふくの？ ― 124
- 11日 いろいろな形の虹色はどうしてできるの？ ― 125
- 12日 菜種梅雨って何？ ― 126
- 13日 「カエルが鳴くと雨」といわれるのはなぜ？ ― 127
- 14日 気象庁って何？ ― 128
- 15日 ジャン・バティスト・ジョゼフ・フーリエ ― 129
- 16日 ふった雨の水はどこに行くの？ ― 130
- 17日 朝と夕方に風がふかなくなるのはどうして？ ― 131
- 18日 洪水はなぜおこるの？ ― 132
- 19日 春になっても富士山の上に雪があるのはなぜ？ ― 133
- 20日 「太陽がかさをかぶると雨」といわれるのはなぜ？ ― 134
- 21日 注意報や警報って何？ ― 135
- 22日 野中至 ― 136
- 23日 雨がふる前ぶれってあるの？ ― 137
- 24日 移動性高気圧ってどんなもの？ ― 138
- 25日 100年に一度の雨って、どれくらいの雨？ ― 139
- 26日 温室効果ガスって何？ ― 140
- 27日 ジョン・ティンダル ― 141
- 28日 「ツバメが低く飛ぶと雨」といわれるのはなぜ？ ― 142
- 29日 「時々雨」と「一時雨」ってどうちがうの？ ― 143
- 30日 夕立はなぜ夕方にふるの？ ― 144

5月

- 1日 地球にはいつも同じ向きにふいている風があるのはなぜ？ …… 146
- 2日 ジョージ・ハドレー …… 147
- 3日 海の水が気候に影響をあたえるのはなぜ？ …… 148
- 4日 晴れてほしいときにてるてる坊主をつるすのはなぜ？ …… 149
- 5日 「うすぐもり」ってどういうこと？ …… 150
- 6日 干ばつって何？ …… 151
- 7日 雨つぶの落ちてくるスピードってどのくらい？ …… 152
- 8日 季節風ってどんな風？ …… 153
- 9日 竜巻から身を守るにはどうすればいいの？ …… 154
- 10日 大昔の気候はどうすればわかるの？ …… 155
- 11日 クロード・ロリウス …… 156
- 12日 地震の前ぶれの雲があるって本当？ …… 157
- 13日 雨雲レーダーってどんなもの？ …… 158
- 14日 ガブリエル・ファーレンハイト …… 159
- 15日 雨つぶの大きさにちがいがあるのはどうして？ …… 160
- 16日 空っ風ってどんな風？ …… 161
- 17日 竜巻はなぜおこるの？ …… 162
- 18日 同じ時刻でも季節によって明るさがちがうのはなぜ？ …… 163
- 19日 山にかかる雲の正体は？ …… 164
- 20日 アメダスって何？ …… 165
- 21日 日本でいちばんたくさん雨がふるのはどこ？ …… 166
- 22日 やませってどんな風？ …… 167
- 23日 竜巻がおこるとどんな被害が出るの？ …… 168
- 24日 藤田哲也 …… 169
- 25日 日本は世界のなかでは暑い方？ 寒い方？ …… 170
- 26日 暑い日に水をまくとすずしくなるのはなぜ？ …… 171
- 27日 風船を使って気象観測ができるの？ …… 172
- 28日 日本でいちばん雨が少ない地域はどこ？ …… 173
- 29日 つむじ風ってどんな風？ …… 174
- 30日 竜巻ってどれくらいの大きさなの？ …… 175
- 31日 北海道には梅雨がないのはなぜ？ …… 176

6月

日付		タイトル	ページ
1日		日本で最初の天気予報はどこで見ることができた？	178
2日		6月1日はなぜ気象記念日なの？	179
3日		気象予報士ってどんな仕事？	180
4日		ひょうってどんなもの？	181
5日		「大気の状態が不安定」ってどういうこと？	182
6日		竜巻はどのくらいの被害をもたらすの？	183
7日		どうして梅雨の時期は雨の日が多いの？	184
8日		雨の日はなぜ洗濯物がかわきにくいの？	185
9日		前線って何？	186
10日		中西敬房	187
11日		ひょうとあられって何がちがうの？	188
12日		暑さの原因になるフェーン現象って何？	189
13日		ダウンバーストってどんなもの？	190
14日		梅雨はどうして「梅雨」というの？	191
15日		ベンジャミン・フランクリン	192
16日		光化学スモッグってどんなもの？	193
17日		宇宙天気予報ってどんなもの？	194
18日		雷はどうしておこるの？	195
19日		世界にはどんな局地風があるの？	196
20日		大雨がふると土砂災害がおこるのはどうして？	197
21日		五月晴れってどういうこと？	198
22日		熱中症をふせぐにはどうすればいいの？	199
23日		気象大学校ってどんなところ？	200
24日		織田信長	201
25日		雨のいろいろな名前はどう使い分けるの？	202
column 04		雨の名前	203
26日		湿度って何？	204
27日		リヒャルト・アスマン	205
28日		森が災害をふせぐといわれるのはなぜ？	206
29日		梅雨入りや梅雨明けはどうやってわかるの？	207
30日		暑い日に景色がゆらゆらすることがあるのはなぜ？	208

7月

日付	内容	ページ
1日	どこまで「東日本」でどこから「西日本」なの？	210
2日	雷はどうしてジグザグに落ちるの？	211
3日	積乱雲ってどれくらい大きくなるの？	212
4日	台風が多い地域の住まいはどんな工夫をしているの？	213
5日	空梅雨はなぜあるの？	214
6日	熱中症ってどんな病気？	215
7日	天気図にたくさん引いてある線は何？	216
8日	オットー・フォン・ゲーリケ	217
9日	線状降水帯って何？	218
10日	UFOのような形の雲の正体は？	219
11日	台風とハリケーンやサイクロンってどうちがうの？	220
12日	梅雨になるとカビが生えやすいのはなぜ？	221
13日	天気予報で聞く「ひまわり」って何？	222
14日	気象衛星ひまわりが最初に打ち上げられたのはいつ？	223
15日	夏バテはどうしておこるの？	224
16日	雷の光と音がずれるのはどうして？	225
17日	入道雲ってどんな雲？	226
18日	台風はどうして強くなったり弱くなったりするの？	227
19日	藤原咲平	228
20日	ヒートアイランド現象ってどんなもの？	229
21日	うちわであおぐとすずしいのはなぜ？	230
22日	「未明」と「明け方」ってどうちがうの？	231
23日	日本でいちばん雷が多いのはどこ？	232
24日	綿雲ってどんな雲？	233
25日	台風の目って何？	234
26日	岡田武松	235
27日	サマータイムってどんなもの？	236
28日	植物があるとすずしくなるのはなぜ？	237
29日	風の強さってどうやってはかるの？	238
30日	世界でいちばん雷が多い場所がある国は？	239
31日	雲にいろいろな形があるのはどうして？	240

8月

- 1日 台風の「大型」とか「非常に強い」ってどういう意味？ 242
- 2日 夏はどうして暑いの？ 243
- 3日 どうして暑いと汗が出るの？ 244
- 4日 真夏日や猛暑日って何？ 245
- 5日 ルイス・フライ・リチャードソン 246
- 6日 もし人間に雷が落ちたらどうなるの？ 247
- 7日 入道雲ってどのくらい大きいの？ 248
- 8日 これまでで最も大きかった台風と最も強かった台風は？ 249
- 9日 冷夏って何？ 250
- 10日 太陽の光をあびると日焼けするのはなぜ？ 251
- 11日 暑さ指数って何？ 252
- 12日 ガイ・スチュワート・カレンダー 253
- 13日 「雷が鳴るとおへそをとられる」といわれるのはなぜ？ 254
- 14日 雲ってどれくらいの高さにあるの？ 255
- 15日 新田次郎 256
- 16日 台風はなぜ動いているの？ 257
- 17日 今まででいちばん暑かった日の気温はどれくらい？ 258
- 18日 熱帯夜ってどんな夜？ 259
- 19日 熱中症警戒アラートってどんなもの？ 260
- 20日 避雷針ってどんなもの？ 261
- 21日 雲はどうして白いの？ 262
- 22日 どうして台風は7月〜9月に多いの？ 263
- 23日 地球温暖化ってどういうこと？ 264
- 24日 スヴァンテ・アレニウス 265
- 25日 一日のうちでいちばん暑い時間、寒い時間はいつ？ 266
- 26日 「たいふういっか」ってどういうこと？ 267
- 27日 火山の噴火でおこる雷ってどんなもの？ 268
- 28日 気象予報士にはどうしたらなれるの？ 269
- 29日 地球温暖化を止めるにはどうすればいいの？ 270
- 30日 チャールズ・デビッド・キーリング 271
- 31日 雲と煙はどうちがうの？ 272

9月

- 1日 台風の東側と西側、風が強いのはどっち？ … 274
- 2日 日焼け止めで日焼けをふせげるのはなぜ？ … 275
- 3日 雷のエネルギーはどのくらい？ … 276
- 4日 ビル風ってどんな風？ … 277
- 5日 台風はどうしてうずを巻いているの？ … 278
- 6日 ガスパール・ギュスターヴ・コリオリ … 279
- 7日 小春日和ってどういうこと？ … 280
- 8日 「遠くの音が聞こえたら雨」といわれるのはなぜ？ … 281
- 9日 天気の予測に使われた「天気管」ってどんなもの？ … 282
- 10日 大きな雨つぶってどんな形をしているの？ … 283
- 11日 湯気と雲はどうちがうの？ … 284
- column 05 水蒸気 … 285
- 12日 どうして沖縄県は台風が多いの？ … 286
- 13日 どうして「秋の空は高い」といわれるの？ … 287
- 14日 太陽の光が当たるとあたたかいのはなぜ？ … 288
- 15日 フレデリック・ウィリアム・ハーシェル … 289
- 16日 秋雨前線って何？ … 290
- 17日 雷がゴロゴロいうのはなぜ？ … 291
- 18日 雲って何でできているの？ … 292
- 19日 これまでで最も大きな被害を出した台風は？ … 293
- 20日 火山が気候に影響をあたえることがあるのはなぜ？ … 294
- 21日 宮沢賢治 … 295
- 22日 「煙がまっすぐのぼれば晴れ」といわれるのはなぜ？ … 296
- 23日 風の強さは何種類あるの？ … 297
- 24日 雷がきそうなときはどうすればいいの？ … 298
- 25日 空以外にできる雲ってどんなもの？ … 299
- 26日 台風の進む方向はどのように予測するの？ … 300
- 27日 気候変動の影響で増える災害ってどんなもの？ … 301
- 28日 「髪にくしが通りにくいと雨」といわれるのはなぜ？ … 302
- 29日 オラス・ベネディクト・ド・ソシュール … 303
- 30日 「東よりの風」「西よりの風」ってどういう意味？ … 304

10月

- 1日 雨がものをとかしちゃうことがあるのはなぜ？ … 306
- 2日 うろこ雲（いわし雲）ってどんな雲？ … 307
- 3日 台風がきそうなときはどうすればいい？ … 308
- 4日 秋に木の葉が落ちるのはなぜ？ … 309
- 5日 真鍋淑郎 … 310
- 6日 「〇〇の秋」とよくいわれるのはどうして？ … 311
- 7日 降灰予報ってどんなもの？ … 312
- 8日 晴れているのに雨がふることがあるのはなぜ？ … 313
- 9日 雲はなぜ空にうかんでいられるの？ … 314
- 10日 1964年の東京オリンピックの開会式が10月10日だった大きな理由は？ … 315
- 11日 ハリケーンに人の名前がついているのはなぜ？ … 316
- 12日 気候変動が食べ物に影響をあたえるのはなぜ？ … 317
- 13日 「星がたくさん見えると晴れ」といわれるのはなぜ？ … 318
- 14日 気象台ってどんなところ？ … 319
- 15日 雨のにおいって何のにおい？ … 320
- 16日 白い雲と黒っぽい雲があるのはどうして？ … 321
- 17日 台風の番号にはどんなルールがあるの？ … 322
- 18日 なぜ気候変動で感染症が増えるかもしれないの？ … 323
- 19日 「朝に虹が出ると雨」といわれるのはなぜ？ … 324
- 20日 低気圧と高気圧って何？ … 325
- 21日 エヴァンジェリスタ・トリチェリ … 326
- 22日 降水量の単位はどうしてmmなの？ … 327
- 23日 雲と霧ってどうちがうの？ … 328
- 24日 冬でも台風が生まれることはあるの？ … 329
- 25日 季節はどうしてあるの？ … 330
- 26日 「ネコが顔を洗うと雨」といわれるのはなぜ？ … 331
- 27日 天気予報はどうやってしているの？ … 332
- 28日 ヴィルヘルム・ビヤークネス … 333
- 29日 雨の強さにはどんな種類があるの？ … 334
- 30日 高い雲はなぜみんな同じ方向に動くの？ … 335
- 31日 台風の進路予想図ってどう見ればいいの？ … 336

11月

- 1日 木村耕三 — 338
- 2日 秋に木の葉の色がかわるのはなぜ？ — 339
- 3日 特異日って何？ — 340
- 4日 「夕焼けの次の日は晴れ」といわれるのはなぜ？ — 341
- 5日 「豪雨」ってどんな雨のこと？ — 342
- 6日 飛行機雲はどうしてできるの？ — 343
- 7日 虹の色の数が国によってちがうのはなぜ？ — 344
- 8日 熱帯や温帯って何のこと？ — 345
- 9日 ウラジミール・ペーター・ケッペン — 346
- column 06 気候区分 — 347
- 10日 月が赤く見えることがあるのはなぜ？ — 348
- 11日 木枯らし1号って何のこと？ — 349
- 12日 ゲリラ雷雨はなぜおこるの？ — 350
- 13日 長いロールケーキのような形の雲の正体は？ — 351
- 14日 虹色をまとう人の影ができることがあるのはなぜ？ — 352
- 15日 季節は春夏秋冬以外にもあるの？ — 353
- 16日 晴れた空はどうして青いの？ — 354
- 17日 ジョン・ウィリアム・ストラット — 355
- 18日 低気圧があるとどうして天気が悪くなるの？ — 356
- 19日 雨上がりにミミズをよく見かけるのはなぜ？ — 357
- 20日 風の力で発電できるのはなぜ？ — 358
- 21日 幻日ってどんな現象？ — 359
- 22日 恐竜の絶滅と気候にどんな関係があるの？ — 360
- 23日 どうして山の天気はかわりやすいの？ — 361
- 24日 天気図って何？ — 362
- 25日 ハインリヒ・ブランデス — 363
- 26日 シャボン玉で遊ぶなら雨の日がよいといわれるのはなぜ？ — 364
- 27日 「山に笠雲がかかると雨」といわれるのはなぜ？ — 365
- 28日 ダブルレインボーってどんな現象？ — 366
- 29日 南極や北極はどうしてあんなに氷だらけなの？ — 367
- 30日 夕方の空が赤いのはどうして？ — 368

12月

- 1日 「せいこうとうてい」ってどういうこと? ……… 370
- 2日 平賀源内 ……… 371
- 3日 豪雪地帯ってどんな場所? ……… 372
- 4日 「〇〇おろし」ってどんな風? ……… 373
- 5日 島がういているように見えることがあるのはなぜ? ……… 374
- 6日 冬に静電気がおこりやすいのはなぜ? ……… 375
- 7日 「カメムシが多いと雪が多い」といわれるのはなぜ? ……… 376
- 8日 日本で1941年にとつぜん天気予報がなくなったのはなぜ? ……… 377
- 9日 気象予報士と予報官って何がちがうの? ……… 378
- 10日 雪が引きおこすホワイトアウトってどんな現象? ……… 379
- 11日 ロケット雲ってどんな雲? ……… 380
- 12日 霧が河口に流れ出すことがあるのはなぜ? ……… 381
- 13日 エルニーニョ現象がおこるとどうなるの? ……… 382
- 14日 太陽光発電はくもりでも電気をつくれるの? ……… 383
- 15日 昔の人はどうやって天気を予測していたの? ……… 384
- 16日 クリストファー・コロンブス ……… 385
- 17日 雪道を歩くときはどんなことに気をつければいいの? ……… 386
- 18日 雲海はどうしてできるの? ……… 387
- 19日 つららはなぜできるの? ……… 388
- 20日 冬至や夏至ってどんな意味があるの? ……… 389
- 21日 「飛行機雲がすぐ消えると晴れ」といわれるのはなぜ? ……… 390
- 22日 「冬将軍」って何? ……… 391
- 23日 ナポレオン・ボナパルト ……… 392
- 24日 雪ってどれくらい重いの? ……… 393
- 25日 動物や人の顔に見える雲があるのはどうして? ……… 394
- 26日 しぶき氷ってどんな現象? ……… 395
- 27日 日本が冬のとき、オーストラリアが夏なのはなぜ? ……… 396
- column 07 自転と公転 ……… 397
- 28日 雪形ってどんなもの? ……… 398
- 29日 AIは天気の予測に活用できるの? ……… 399
- 30日 ウィルソン・ベントレー ……… 400
- 31日 日本でいちばん雪が積もったときの深さはどれくらい? ……… 401

ジャンル別索引 … 402 ／ 用語索引 … 413 ／ 参考資料 … 415

1月1日

雨・雪・雷

冬になると雪がふるのはどうして?

ギモンをカイケツ！

気温が低いと氷のつぶがとけずにふってくるから。

夏は雪が雨になるけれど、冬は雪が雪のままでいられるの

高いところの空気のようすが、雪の質に影響をあたえるわけね

これがヒミツ！

①雲のなかには水や氷のつぶがたくさんある

雲のなかには、小さな水や氷のつぶがたくさんあります。まわりのつぶをくっつけながら成長した氷のつぶは、やがて重くなると、空から雪として落ちてきます。

②気温が低いから、氷のつぶがとけない

空から落ちてくる間に気温が高くなると、氷のつぶはとちゅうでとけてしまいます。この、とけて水になったものが雨です。ところが、気温が低い冬には、氷のつぶはとけずにそのまま地上まで落ちてきます。これが、雪です。

③上空のようすによってさまざまな雪がふる

雪には、たくさんの種類がありますが、どんな雪がふるかは上空のようすが関係しています。たとえば、さらさらの粉雪は、上空の気温が低くて乾燥しているときにふります。反対に、上空の気温が高くてしめっているときは、大きなぼたん雪がふります。

1月 2日

大気・風・雲

アメリカではなぜ気温の単位がちがうの？

❓ クイズ

① アメリカの単位が日本にはまちがって伝わったから。
② 基本となる単位の考え方がちがうから。
③ アメリカは日本より気温が高いから。

同じ気温なのに単位がちがうなんて、不思議じゃな

➡ こたえ ② 日本とアメリカは温度だけでなく、長さや重さの単位もちがう。

🔍 これがヒミツ！

アメリカの人に、摂氏の温度をそのまま伝えたら、びっくりされるぞ

①アメリカの気温の単位は°F

日本では、気温を表すときに°C（摂氏）という単位を使います。しかし、アメリカでは°F（華氏）という単位が使われています。

②アメリカではヤード・ポンド法を使う

日本では、温度には°C、長さにはm、重さにはkgなどの単位が使われています。これはメートル法とよばれる、世界的に広く使われている単位の考え方です。一方、アメリカは、温度には°F、長さにはインチやフット、重さにはオンスやポンドなどの単位が使われています。これは、ヤード・ポンド法とよばれる単位の考え方です。

③日本の0度はアメリカでは32度

メートル法の0°Cは、ヤード・ポンド法の32°Fにあたり、°Cの1度は°Fで1.8度になります。そのため、日本で気温を27°Cとあらわすとき、アメリカでは81°Fと表すことになり、単位のちがいを知らないと混乱を生みます。

1月

1月 3日(みっか)

人・できごと

アンデルス・セルシウス

❓ どんな人？

摂氏の温度目盛りをつくった。

みんなが気温や体温をはかれるのも、この人のおかげです！

こんなスゴイ人！

①本職は天文学者

アンデルス・セルシウスは、18世紀のスウェーデンの天文学者です。わたしたちにとって身近な温度の目盛りである摂氏（℃）をつくった人物として知られています。摂氏とは、セルシウスの中国での書きあらわし方、「摂爾修斯」からきています。

摂氏の方が華氏よりあとにできたんですね

②水が変化する温度が基準

セルシウスは華氏を考案したファーレンハイト（→ 159 ページ）とはべつに、水がこおる温度と沸騰する温度を基準にし、その間を 100 等分しようと考えました。つまり、わたしたちが使っている摂氏です。

③もともとは数字が逆だった

ただしセルシウスが最初に考えた目盛りは、水がこおる温度を 100 度、沸騰する温度を 0 度としていて、それがあとから逆になったという裏話があります。

ふしぎな現象

1月4日(よっか)

御神渡りってどんな現象？

ギモンをカイケツ！
こおった湖の氷が、山脈のようにせり上がること。

寒い地域ならではの現象だよ

これがヒミツ！

①寒い夜、湖の氷にひびが入る

氷には、温度が下がるほど、小さくなるという性質があります。そのため、湖などにはった氷は、寒い夜には小さくなって、ひびが入ります。そして、ひびの間にうすい氷がはります。

これが諏訪湖の御神渡り。本当に山脈みたいでしょう

②あたたかくなって、ひびの部分がせり上がる

一方、あたたかくなる昼には氷がふくらむため、ひびの間にはった氷がこわれて、せり上がります。こうして「夜にひびが入る→昼に氷がせり上がる」ということをくりかえしていると、やがて山脈のようにせり上がった氷のすじができあがるのです。

③神様が歩いたあととされる御神渡り

長野県の諏訪湖はこの現象がよくおこることで知られ、地元でこの現象につけられたよび名が「御神渡り」です。これは「神様が歩いたあと」という意味です。

1月

1月5日(いつか)

気候・季節

山にかこまれた土地は雨や雪が少ないのはなぜ？

💡 ギモンをカイケツ！

空気が山をこえるときにかわくから。

日本では、山梨県の甲府市や長野県の松本市などがこれにあたるぞ

🔍 これがヒミツ！

①空気が高い場所にのぼると

空気は高い場所にのぼると、ふくらんで温度が下がります。温度が下がった空気はふくむことができる水蒸気の量が少なくなるため、ふくみきれなくなった水蒸気が水や氷のつぶになって、雲をつくります。

山頂の手前で水分を使いはたしてしまうんだね

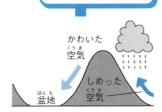

②雨や雪をふらせた空気はかわく

こうしてできた雲は、やがて山ののぼり側で雨や雪をふらせます。その結果、空気のなかの水分は減り、かわいた空気になります。

③かわいた空気は雨や雪をふらせない

山をこえたあとは空気はかわいているので、雲ができず雨や雪がふることはありません。そのため、盆地とよばれる山にかこまれた土地は、どの方角からもかわいた空気が入り、雨や雪が少ないのです。

1月 6日(むいか)

天気と生活 2

冬にかぜをひきやすいのはなぜ？

💡 ギモンをカイケツ！
空気がかわいていることなどが原因といわれる。

理由は寒いからだけじゃないのよ

🔍 これがヒミツ！

もちろん夏かぜだってあるから、気をつけてね

①いくつかの理由がある
冬にかぜがはやる理由は、はっきりとわかっていませんが、いくつかの理由が重なっているのではないかと考えられています。

②冬は空気がかわいていて、多くの人がせまい室内に集まる
ひとつ目の理由は、空気がかわいていることです。かぜの多くはウイルスというものが原因ですが、空気がかわいている冬は、湿気に弱いウイルスが死ににくくなるのです。そしてもうひとつの理由は、冬は夏にくらべて多くの人がせまい室内に集まる機会が増えるため、ウイルスが広まりやすくなることです。

③鼻が冷えることも理由のひとつ⁉
また、最近の研究では、鼻のなかが冷えることも原因のひとつだと考えられるようになっています。鼻のなかからは、ウイルスを退治するものが出されていますが、温度が下がるとその量が減るため、かぜをひきやすくなるというのです。

1月

1月 7日（なのか）

天気の予測

「平年なみ」ってどういう意味？

ギモンをカイケツ！

過去30年間の平均に近い10年と同じくらい。

天気予報では、過去のデータがよく活用されるんですよ

「平年なみ」は「ふつうの状態」と考えることができますね

これがヒミツ！

① 10年ごとに更新される平年値

天気予報では、さまざまなデータの30年間の平均値のことを、平年値といいます。この30年間の範囲は、西暦の1の位が1の年がきたとき、つまり10年ごとに更新されます。2025（令和7）年には、1991〜2020年の30年間の平均値が使われています。

② 平年なみの範囲の求め方

平年なみの範囲は、次のように決まります。まず、それぞれの年の平年値との差を求めます。次に、差が大きいもの、あまり大きくないもの、小さいものの3つの10年ごとのグループに分け、差が小さい10年の数字が「平年なみ」となります。

③ 平年値はさまざまな場面で使われる

平年値は、気象や気候の評価基準として、さまざまな場合に使われています。気温や降水量だけではなく、桜の開花日、梅雨入り・梅雨明け、台風の発生した数や上陸した数などについて、平年値が作成されています。

1月 8日(ようか)

雨・雪・雷

雪とみぞれってどうちがうの？

? クイズ

1. 雪と雨がまじったのが、みぞれ。
2. 雪の特定の地域でのよび名が、みぞれ。
3. 雪に塩分がふくまれているのが、みぞれ。

➡ こたえ ① みぞれは、雪がふってくる間に変化してできる。

雨と雪の中間の状態が、みぞれよ

🔍 これがヒミツ！

①雪は氷のまま落ちてくる

雲は小さな水のつぶでできています。このつぶは、空の上の方でさらに冷やされて氷のつぶになります。まわりのつぶをくっつけながら成長した氷のつぶは、やがて重くなり、空から雪として落ちてきます。

②とちゅうでとけて雨やみぞれになる

気温が高いと、雪は空から落ちてくる間にとけてしまいます。完全にとけて水になったものが雨です。一方、完全にとけきらなかったら、雨と雪がまじった状態でふってきます。これが、みぞれです。

③みぞれの予測はむずかしい

みぞれがふるかどうかを予測するのはむずかしいことです。そのため、天気予報では「雨または雪」、「雪または雨」と表現します。みぞれは、雨と雪がまじったものですが、気象庁では「雪」として観測しています。

ふってくるものが雨→みぞれ→雪と変化するときもあるわね

1月

1月9日(ここのか)

 大気・風・雲

冬の方が星空観察によいといわれるのはなぜ？

ギモンをカイケツ！

冬の方が空気がすんでいるから。

日本で冬に観察できる星には、明るい星が多いというのもあるんじゃ

ただし、冬の星空観察では、寒さ対策をしっかりとな

これがヒミツ！

①冬は空気のなかの水蒸気やちりが少ない

空気は、ふくまれる水蒸気やちりが少ない方が、すんでいることになります。冬は夏にくらべると気温が低く、かわいた北風がふきやすいことから、空気のなかの水蒸気やちりなどが少なく、空がすんでいるのです。

②暗い時間が長いので、たくさん観察できる

ふつう、太陽がしずんでも、雲やちりがあると、空に光が残ります。冬はきれいに晴れて、完全に真っ暗になるのもはやいので、夏よりもはやい時間から星空の観察をすることができます。また、冬は日没がはやく日の出も遅いので、夏よりも長い時間、星を見ることができます。

③気温や湿度が低いと星のまたたきがきわ立つ

ほかにも、気温が下がったり風が強くふいたりするほど、星のまたたきがきわ立つようになるので、木枯しがふく冬の空は、ほかの季節より星が美しくかがやいて見えるという理由もあります。

1月10日 ふしぎな現象

オーロラはどうしてできるの？

ギモンをカイケツ！

太陽から出たガスが空気にぶつかって光を出すから。

> あのきれいな光のもとは太陽からきているんだ

これがヒミツ！

①地球は大きな磁石

地球は大きな磁石のようなもので、北極がS極、南極がN極になっています。一方、太陽からは電気をおびたうすいガス（太陽風）が出ています。

②太陽風がS極とN極に引きつけられる

磁石には、電気をおびているものを引きつけたり、遠ざけたりする性質があります。そのため、地球に近づいた太陽風は、磁石である地球のS極やN極に引きつけられます。

③引きつけられた太陽風が空気にふれて光る

S極やN極に引きつけられた太陽風のガスは、空気のつぶに当たると、さまざまな色に光ります。これがオーロラの正体です。オーロラは、太陽風がS極やN極に引きつけられることでおこるため、ふつう北極や南極の近くでしか見ることができません。

> 日本でも北海道などで、たまに見られることがあるよ

1月

1月11日

気候・季節

氷河時代って何？

ギモンをカイケツ！

地球上に氷が存在する時代のこと。

いまは氷が存在するので、氷河時代じゃな

これがヒミツ！

氷河時代のなかでもとくに気温が低い時期を氷期というんじゃ

①気温が下がって氷におおわれた時代

地球の気候は時代とともに大きく変わってきました。ときには気温が下がり、氷河（雪が集まってできた氷のかたまり）におおわれることもありました。このような時代が氷河時代です。

②何度もあった氷河時代

代表的な氷河時代としては、先カンブリア時代（5億7500万年前まで）の末期、古生代ペルム紀（5億7500万年前～2億4700万年前）、新生代第四紀（約170万年前～現在）などが知られています。

③1万年前までつづいた氷期

氷河時代はずっと気温が低いわけではなく、気温が比較的高い間氷期ととても低い氷期をくりかえします。いちばん最近の氷期は、約1万年前に終わったといわれていますが、この時期には、地球の陸地の約3分の1が氷におおわれたこともあったと考えられています。

1月12日

人・できごと

ミルティン・ミランコビッチ

❓ どんな人？

地球の気候が周期的にかわる理由を発見した。

地球の歴史にかかわる、大きな発見ですよ

こんなスゴイ人！

①気候の変化はくりかえされる

大昔の気候の研究（→155ページ）の結果などから、現在では、地球の歴史のなかではこれまで、気候の変化が周期的にくりかえされてきたことがわかっています。その変化の原因を明らかにしたのは、19〜20世紀のセルビアの物理学者、ミルティン・ミランコビッチでした。

公転のコースがだ円形になると、太陽から大きく遠ざかる時期も出てくるよ

②自転や公転のようすには周期がある

地球の気候は基本的には、太陽から伝わる熱をどれくらい受けとれるかによって決まります。ミランコビッチは、地球の自転や公転（→397ページ）のようすが周期的にかわるために、気候も周期的にかわることをつきとめました。

③公転のコースの変化

たとえば、地球の公転のコースは円に近い形になったり、だ円になったりします。すると、太陽から受けとれる熱の量も変化するのです。

人間が寒さで死んでしまうことがあるのはなぜ？

天気と生活 2

ギモンをカイケツ！

体温が下がって、内臓が正常にはたらかなくなるから。

雪山などでは、実際におこることがあるの

内臓の体温が35℃を下まわると、低体温症といって、危険な状態になるわよ

これがヒミツ！

①からだのなかでおこる化学反応

わたしたちのからだは、細胞というものが集まってできています。そして、その細胞ひとつひとつのなかで、ものをほかのものにかえたり、ものから生きるためのエネルギーを生み出したりする化学反応がおこっています。

②体温が下がるとエネルギーを生み出せなくなる

温度が低いと、この化学反応がおこりにくくなります。人間のからだには体温を一定に保つはたらきがそなわっていますが、気温が低すぎると体温も下がり、化学反応がおこりにくくなります。すると、生きていくためのエネルギーも生み出せなくなってしまいます。

③さらに体温が下がると命が危険

このような状態になると、エネルギー不足で体温を保つことができなくなり、さらに体温が下がります。そして、やがて多くの内臓が正常にはたらかなくなって、死んでしまいます。

1月14日

天気の予測

「西から天気は下り坂」ってどういう意味？

ギモンをカイケツ！

雨をふらせる低気圧や前線が西から東に移動すること。

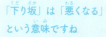
「下り坂」は「悪くなる」という意味ですね

これがヒミツ！

西の方が、東の方より先に雨や雪がふります

①かならず雨がふるわけではない

天気予報などで耳にする「西から天気は下り坂」の下り坂とは、晴れからくもり、くもりから雨（雪）にかわる天気の傾向とされています。つまり、かならずしも雨がふるとはかぎりません。

②日本の上空では偏西風がふく

地球は、北極と南極をむすぶ軸のまわりを1日に1回転していて、これを「自転」といいます。地球の自転と南北の温度差の両方の影響を受けて、日本の上空では、西から東に向かって偏西風という風がふいています（→146ページ）。

③偏西風で低気圧や前線が動く

偏西風によって、雨や雪をふらせる低気圧や前線、また晴れをもたらす高気圧も西から東へと移動します。そのため、日本では西から天気がかわることが多くなります。偏西風は秋から春にかけて強くなり、この時期は低気圧と高気圧がたがいちがいにおとずれ、雨や雪と晴れの天気の入れかわりが多くなります。

1月

1月15日

雨・雪・雷

雪にいろいろな姿があるのはなぜ？

ギモンをカイケツ！

結晶の種類や水分の量がちがうから。

ふってくる雪の質は、さまざまな条件によって決まるのよ

積もったあとも雪は変化しつづけるのね

これがヒミツ！

①雪の種類はいろいろ

雪は、ふくまれる水分の量や結晶（→39ページ）の大きさによって、さまざまな種類に分けられます。また、ふっているときの雪や積もっているときの雪など、状況によっても、よび方がかわります。

②水分の量のちがいでも雪の種類はかわる

ふっているときの雪のなかで、乾燥しているのが「粉雪」です。水分が少ないので、さらさらした細かい感じになります。一方、「綿雪」「餅雪」「ぼた雪」などは、水分を多くふくみます。ぼた雪になると、大きなかたまりでふってきます。

③積もっている雪は時間がたつと姿がかわる

積もった雪は、ふったばかりの新雪のときは軽いのですが、時間がたつにつれて重くなったり、かたくなったりします。積もっている雪は、「新雪」「こしまり雪」「しまり雪」「ざらめ雪」と変化しますが、「ざらめ雪」の段階では、とけた雪がまたこおって、氷のつぶになっています。

1月16日 大気・風・雲

温度計で温度がはかれるのはなぜ？

ギモンをカイケツ！

金属ののびちぢみや、液体がふくらむ性質などを利用しているから。

温度は見えないのにどうしてはかれるか、不思議におもったことはないかな？

これがヒミツ！

それぞれの温度計の見た目は、こんな感じ！

①2種類の金属を使うバイメタル式温度計

温度計は、しくみによって3種類に大きく分けられます。バイメタル式温度計は、温度によってのび具合がちがう金属をはり合わせ、ぜんまいのように巻いたもので温度をはかります。温度の変化によって、ぜんまいが巻いたりもどったりする動きで針が動きます。

②電気のセンサーではかるデジタル温度計

デジタル温度計は電気を使います。温度の変化によって電気が流れやすくなったり流れにくくなったりするのをとらえ、その変化を計算して温度をはかっています。

③液体の特性で調べるガラス管温度計

ガラス管温度計は、色をつけた液体で温度の変化をはかります。液体は、温度によって体積がふくらんだりちぢんだりする性質があります。これを透明なガラス管に入れて、温度をはかります。

1月

 人・できごと

1月17日

ガリレオ・ガリレイ

？ どんな人？

はじめて温度計をつくった。

当時はまだ、温度を数値ではかれたわけではありませんけどね

こんなスゴイ人！

①望遠鏡も自分でつくれる

ガリレオ・ガリレイは、16〜17世紀に活躍したイタリアの科学者です。自分で望遠鏡をつくって、木星の衛星を発見したことなどで有名ですが、実は温度計を発明したのも彼だといわれています。

気温が上がるとふくらんで、水をおし下げる。気温が下がると、その逆だよ

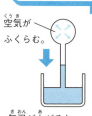

空気がふくらむ。 / 空気がちぢむ。

気温が上がると水位が下がる。 / 気温が下がると水位が上がる。

②空気の性質を利用した

空気は温度が上がるとふくらむということは、大昔から知られていました。ガリレオはこの性質を、気温の変化を知ることに利用できると考えたのです。

③水位の高さに注目する

ガリレオの温度計の基本的なしくみは上の図のようなものでした。ガラスのなかの空気の温度が上がれば水位が下がり、空気の温度が下がれば水位が上がるので、水を見ていれば、気温の変化がわかるというわけです。

1月18日 ふしぎな現象

砂嵐はなぜおこるの？

ギモンをカイケツ！
砂やちりが強い風で運ばれることでおこる。

砂やちりがあれば、日本でもおこる可能性はあるよ

これがヒミツ！

砂嵐が多いサウジアラビアなどでは、砂が家に入りこむのをふせぐために、窓は小さめにつくるんだって

①乾燥した場所で砂やちりが巻き上げられる
空気がかわいている場所では、風がふくと砂やちりなどが巻き上げられます。こうして巻き上げられた砂やちりが強い風に運ばれると、砂嵐になります。砂嵐は、砂漠などの乾燥した場所や、その近くでよくおこります。

②からだの調子が悪くなることもある
砂嵐がおこると、砂やちりによってまわりの景色が見えにくくなります。また、人間が空気といっしょに砂やちりをたくさん吸いこむことで、のどや肺などの調子が悪くなってしまうこともあります。

③砂漠化が砂嵐を引きおこす
最近は、森林の木を大量に切りすぎたことなどが原因で、森だった場所が砂漠のようになってしまう砂漠化が問題になっています。一部の地域では、砂漠化による砂嵐が大きな問題となっています。

1月19日

気候・季節

地球温暖化と気候変動ってどうちがうの？

ギモンをカイケツ！

地球温暖化は気候変動のひとつと考えることができる。

ごっちゃにしてしまっている人もいるのではないかな？

これがヒミツ！

いずれにしても、ふたつは密接にかかわり合っているんじゃ

①似ているようでちがう

地球の環境問題についての話のなかでよく耳にすることばに、「地球温暖化」と「気候変動」があります。このふたつは似ているようで、さしている内容が少しちがいます。

②地球の温度が上がる地球温暖化

地球温暖化は、地球の気温が上がることです（→264ページ）。そのようなことがおこるのは、人間が出す二酸化炭素などの温室効果ガス（地球をあたためるはたらきをもつガス）が大きな原因のひとつだといわれています。

③気候全体がかわる気候変動

一方、気候変動とは、気温や雨のふり方など、気候（→42ページ）全体が数十年という期間の間に変化していくことをいいます。つまり地球温暖化は、気候変動のひとつと考えることもできますし、地球温暖化が気候変動を引きおこしているということもできるでしょう。

1月20日(はつか)

天気と生活 2

寒いときに鳥はだが立つのはなぜ？

ギモンをカイケツ！

毛の根もとにある筋肉がちぢむから。

もともとは、からだを寒さから守る反応だったのよ

これがヒミツ！

①毛の根もとには筋肉がある

わたしたちのからだに生えている毛の根もとには、立毛筋という筋肉があります。この筋肉には、寒くなるとちぢんで毛を立てようとするはたらきがあります。

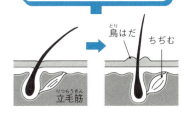

たくさんの毛で、同じことがおこるから鳥はだになるんだよ

②人間の祖先は毛で寒さから身を守っていた

昔、わたしたち人間の祖先は寒さから身を守るため、からだ中に毛が生えていました。寒くなると、立毛筋がちぢむことでその毛を立て、寒さから身を守っていたのです。

③毛を立てようとすることで鳥はだが立つ

今、わたしたち人間のからだには、祖先のように毛は生えていません。しかし、全身の毛穴にはちゃんと立毛筋があり、寒いときにはちぢみます。このとき、皮ふが引っぱられてブツブツになります。このブツブツが、鳥はだの正体です。

1月

1月21日

天気って全部で何種類あるの？

クイズ
1. 15種類
2. 20種類
3. 25種類

➡ こたえ ① 15種類に分けている。

このうち何種類の天気を経験したことがありますか？

15種類もあったら、おぼえておくのもたいへんです……

これがヒミツ！

①国内の天気は15種類ある

「晴れ」や「雨」など、天気には、さまざまなものがあります。気象庁は、国内用として天気を15種類に分けていますが、国際的には96種類あります。

②煙霧、砂じん嵐、地ふぶきなどもある

日本の天気の15種類は、快晴、晴れ、うすぐもり、くもり、煙霧、砂じん嵐、地ふぶき、霧、霧雨、雨、みぞれ、雪、あられ、ひょう、雷です。あまり聞いたことがないかもしれませんが、煙霧は目に見えないかわいた小さなつぶで見える範囲が10km未満となっている状態、砂じん嵐は砂やちりが強い風によってはげしく空にふき上げられる現象、地ふぶきはいったんふり積もった雪が風にふき上げられる現象をさしています。

③天気を記録する優先順位がある

同時に同じ天気が観測されたときは、記録に優先順位があります。高い順に雷、ひょう、あられ、雪、みぞれ、雨、霧雨、霧、地ふぶき、砂じん嵐、煙霧となります。

1月22日

雨・雪・雷

雪はどんな形をしているの？

クイズ
1. 四角形
2. 五角形
3. 六角形

→ こたえ ③ 六角形が基本。

雪の形は、スマートフォンのカメラで撮影して確かめることもできるわ

これがヒミツ！

①雪の結晶にはさまざまな形がある
空からふってくる雪の結晶には、さまざまな形があります。雲のなかの気温と水蒸気の量によって、雪の結晶がたてと横にどのように大きくなるかによって、形が決まります。

②もとは六角形
成長して、いろいろな形になる前の雪の結晶を「氷晶」といいます。そして多くの場合、六角形の氷晶から雪の結晶へと成長します。

③酸素と水素のむすびつき方で六角形になる
氷晶をさらに細かく見ていくと、小さな水のつぶが集まっています。そして、この小さな水のつぶは、酸素の小さなつぶと水素の小さなつぶがくっついてできています。酸素と水素の小さなつぶは、ちょうど六角形の形でむすびついていて、それが成長するので、氷晶は六角形なのです。

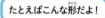

たとえばこんな形だよ！

1月

1月23日

大気・風・雲

大気はどうしてよごれてしまうの?

ギモンをカイケツ!

自動車の排気ガスや工場の煙などに原因がある。

人間も原因をつくっているといえるんじゃ

これがヒミツ!

①大気汚染はわたしたちの健康にも影響がある

地球のまわりをおおっている空気の層を大気といい、大気がよごれることを大気汚染といいます。大気汚染は、自然環境やわたしたちの健康にも影響をおよぼすことから、大きな問題になっています。

よごれた空気は、肺や気管など、人間の呼吸にかかわる部分に悪影響をおよぼすぞ

②工場の煙や自動車の排気ガスでよごれる

大気汚染の代表的な原因に、工場の煙や自動車から出る排気ガスがあります。これらにふくまれる、すすなどの目に見えないほど細かいつぶや、窒素酸化物や硫黄酸化物、一酸化炭素などが、大気をよごしています。

③原因は自然のなかにもある

大気汚染の原因には、自然のなかで発生するものもあります。たとえば、植物の花粉や火山の噴火で発生する火山灰、砂ぼこりや土ぼこりも、大気をよごす原因になっています。

1月24日

ふしぎな現象

雨上がりに虹ができるのはなぜ？

ギモンをカイケツ！

空気中の水のつぶが光を折り曲げ、光の色が分かれるから。

まだ雨がふっているところに虹ができるんだね

これがヒミツ！

水のつぶのなかで、光はこのように分かれているよ

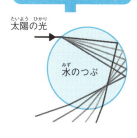

①いろいろな色の光からできている太陽の光

太陽の光は、わたしたちには色がないように見えます。しかし、実は太陽の光は、赤、オレンジ、黄、緑、青、あい、紫などの光がまじってできています。それらの色がまじった結果、色がないように見えているのです。

②光が分かれて虹になる

雨上がりには、水のつぶがまだ空にあります。太陽の光は、この水のつぶに当たると折れ曲がりながらはねかえりますが、このとき、光の色によって折れ曲がる角度が少しずつちがいます。そのため、折れ曲がった光はさまざまな色に分かれ、虹となって見えます。

③虹は太陽の反対側に見える

虹は、光が折れ曲がってできるため、かならず太陽の反対側に丸い形にできます。ただ、多くの場合、下半分ができる場所には地面があるため、半円形に見えます。

1月

1月25日

気候・季節

気象と気候って何がちがうの？

ギモンをカイケツ！

気象と気候は期間がちがう。

これからはまちがえずに使い分けてくれ

これがヒミツ！

①「気象」は大気のなかでおこるできごと

気象とは、特定の日や数か月くらいの期間の大気の状態や、大気のなかでおこるさまざまな自然のできごとをさすことばです。たとえば「明日は雨がふるだろう」、「今年の夏は暑かった」などは、気象をいいあらわしたものといえます。

②長い期間の気象の特徴をさす気候

それに対して気候は、数十年くらいの期間でみた場合にあらわれる、気象の特徴をさします。「沖縄県は暑いところだ」、「冬の北海道は雪が多い」などは気候をあらわします。

気候ということばは、社会科でもよく出てくるぞ

③人々のくらしもかえる気候

気候は、それぞれの土地の生物のようすや人々のくらしにも影響をあたえます。たとえば、夏に気温と湿度が高くなる日本には、そのような気候に合った動物や植物がいますし、人びとの衣食住もそれに合ったものになっています。

しもやけはどうしてできるの？

ギモンをカイケツ！
血液の流れが悪くなるから。

原因は、からだの内側にあるのよ

これがヒミツ！

①寒いときに指などが赤くなるしもやけ

寒いとき、指先や耳たぶなどが赤くなり、かゆくなったりはれたりすることがあります。これが、しもやけです。ひどくなると水ぶくれができたり、表面の皮ふの細胞が死んでしまったりすることもあります。

かゆくてもかかずに、しもやけに効果のあるクリームなどをぬってね

②温度によってのびちぢみする血管

人間のからだのなかで血液を運ぶはたらきをしている血管は、寒いときにはちぢんで血液の流れをおさえ、熱がにげるのをふせごうとします。逆に暑いときには広がって血液をたくさん流し、からだの熱をにがそうとします。

③血液の流れが悪くなって皮ふが傷つく

ところが、急な温度の変化がくりかえされると、血管がうまくちぢんだり広がったりできなくなり、血液の流れが悪くなります。すると、皮ふの細胞が傷ついて、しもやけになってしまうのです。

1月 1月27日 天気の予測

気圧の谷って何？

 ギモンをカイケツ！

まわりより気圧が低いところ。

谷があれば山もあるはずですよね

これがヒミツ！

①まわりよりも気圧が低いところのこと
天気予報などで耳にする「気圧の谷」とは、文字どおり「谷」のことで、まわりより気圧が低いところをさします。つまり、低気圧も気圧の谷のひとつなのです。

たとえばこのような場所が、気圧の谷だよ

②気圧の谷によって、天気が悪くなる
気圧の谷が接近・通過するときは、天気に影響を与えます。気圧の谷はほとんどの場合、西から東へと進みます。進む方向には南からのあたたかい空気、進む方向の後ろがわには北からの冷たい空気が入りやすくなっています。そのため、あたたかい空気と冷たい空気がぶつかって雲ができ、天気が悪くなることが多いのです。

③天気図から気圧の谷を見つけることができる
天気図でも気圧の谷を見つけることができます。たとえば、高気圧がふたつならんでいる場合、その間に谷の部分、つまり気圧の谷があることがわかります。

1月28日

人・できごと

ブレーズ・パスカル

❓ どんな人？
気圧の単位に名前を残した。

「パスカル」という響きは、みんなも何度も聞いたことがあるはずです

こんなスゴイ人！

①「パスカルの原理」の発見者

ブレーズ・パスカルは、17世紀に活躍したフランスの学者です。哲学や数学など、多くの分野で業績を残した人物ですが、天気とのかかわりでは、「パスカルの原理」を発見し、気圧の単位「パスカル（Pa）」に名前を残したことで知られています。

パスカルの原理は、自動車のブレーキなどに利用されていますね

②圧力の伝わり方に関する法則

「パスカルの原理」とは、かんたんにいえば、「入れものに入った気体や液体のなかでは、入れものの形に関係なく、圧力がすべての部分に同じ大きさで伝わる」というものです。

③ hPa は Pa の 100 倍

これを発見した功績から、パスカルの名前は気圧の単位に用いられています。台風情報などで聞く「ヘクトパスカル（hPa）」は Pa の 100 倍をあらわします。

1月

1月29日 雨・雪・雷

雪の結晶は何種類あるの？

雪にこんなに種類があるなんて、考えたことある？

クイズ
❶ 56種類
❷ 121種類
❸ 177種類

➡ こたえ ❷ 雪の結晶は121種類ある。

これがヒミツ！

もとの六角柱から、横に広がるもの（左）とたてにのびるもの（右）に分かれるよ

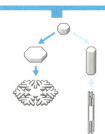

① 121種類の形がある

空からふってくる雪や氷には、さまざまな形があります。「グローバル分類」によると、雪の結晶の形はぜんぶで121種類に分けられます。

② はじめは六角柱

ただし雪の結晶は、はじめから121種類のそれぞれの形をしているわけではありません。最初の形は小さな六角柱です。この六角柱の雪の結晶が雲のなかで成長して重くなると、空から雪としてふってきます。

③ 雲のなかの状況しだいで形がかわる

六角柱の雪の結晶は、雲のなかの気温と水蒸気の量によって、たてと横にどのように大きくなるかがかわります。たとえば、六角形に枝が生えたような、よく見る形の雪の結晶は、気温がマイナス10〜マイナス20℃の雲のなかで、水蒸気の量が多いときにできます。

1月30日

土井利位(どいとしつら)

? どんな人？

殿様でありながら雪の研究をおこなった。

殿様って、仕事でいそがしそうですけど……

こんなスゴイ人！

「雪華」は、土井利位が雪の結晶につけたよび名です

①あだ名は「雪の殿様」

土井利位は、現在の茨城県と千葉県の一部をおさめていた江戸時代の殿様です。本来、殿様は地域の政治をおこなうのが最も重要な仕事ですが、彼の場合、そのかたわら、雪の結晶の研究に打ちこんだことから「雪の殿様」ともいわれます。

②雪の結晶をスケッチ

若いころから学問が好きだった土井利位は、30年にわたって顕微鏡を使って雪の結晶の観察をおこない、さまざまな結晶の形を絵に残しました。そして、その成果をまとめた『雪華図説』、『続雪華図説』という本をあらわしています。

③政治家としても出世

土井利位はのちに江戸幕府の重要な役職もつとめ、国全体の政治にもかかわりました。政治家としても、学者としてもすぐれた人物だったのです。

1月31日

大気・風・雲

大気って空のどこまでつづいているの？

ギモンをカイケツ！

地球の表面から500kmくらいのところまで。

みんな、宇宙に空気がないことは知っておるな？

これがヒミツ！

①地球は空気の層におおわれている

地球のまわりをおおう空気の層である大気は、地球の表面から500kmくらいのところまであります。

②大気は4つの層に分けられる

大気は4つの層に分かれています。下から対流圏、成層圏、中間圏、熱圏という名前がついていますが、それぞれの層のさかい目は、目に見えません。

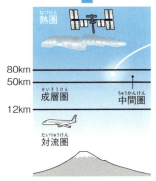

4つの層は、このように分かれているよ

③天気の変化は対流圏のなかでおこっている

わたしたちがふだん見ている雲は、地面の表面から12kmくらいのところまでの対流圏のなかにあり、天気の変化はその範囲のなかでおこっています。また、飛行機が飛んでいるのは、対流圏の上の方です。いちばん高くにある層である熱圏では、流れ星やオーロラが発生します。国際宇宙ステーションも、熱圏の高度400kmあたりを飛行しています。

2月(がつ)

2月1日(ついたち)

ふしぎな現象(げんしょう)

天使(てんし)のはしごって何(なん)のこと？

💡 ギモンをカイケツ！

雲(くも)の切(き)れ間(ま)からさす光(ひかり)のこと。

> 空(そら)があつい雲(くも)におおわれていても、その上(うえ)には太陽(たいよう)があるんだ

🔍 これがヒミツ！

①雲(くも)の切(き)れ間(ま)から見(み)える光(ひかり)のすじ

空(そら)がくもっているとき、雲(くも)に切(き)れ間(ま)ができると、そこから太陽(たいよう)の光(ひかり)が地面(じめん)に向(む)かってさします。このとき、すじのようになって見(み)える光(ひかり)の通(とお)り道(みち)を「天使(てんし)のはしご」といいます。

> これが天使(てんし)のはしご。たしかに、天国(てんごく)からとどいたように見(み)えないこともないね

②光(ひかり)が空気中(くうきちゅう)のちりなどに当(あ)たってできる

ふつう、光(ひかり)はまっすぐに進(すす)みますが、空気中(くうきちゅう)に小(ちい)さなちりなどがあると、ちりに当(あ)たって一部(いちぶ)がはねかえり、散(ち)らばります。その散(ち)らばった光(ひかり)がわたしたちの目(め)にとどくと、光(ひかり)の通(とお)り道(みち)がすじのようになって見(み)えるのです。

③画家(がか)も愛(あい)した天使(てんし)のはしご

天使(てんし)のはしごは、今(いま)から400年(ねん)ほど前(まえ)に活躍(かつやく)したオランダの画家(がか)、レンブラントがよくえがいたことから「レンブラント光線(こうせん)」ともよばれています。

2月2日（ふつか）

気候・季節

どうして砂漠には雨がふらないの？

ギモンをカイケツ！

砂漠には、かわいた空気が集まっているから。

砂漠は、雨が少ないために、植物がまったく、あるいはほとんど育たない場所なのじゃ

これがヒミツ！

①空気中の水分が雨になる

空気のなかには、目に見えない水分（水蒸気）がふくまれています。この水分が高い空で水や氷のつぶになると雲ができ、やがて雲からは雨がふります（→123ページ）。

②雨をふらせた空気は乾燥する

雨をふらせた空気は、水分をうしなって、乾燥しています。この乾燥した空気がふたたび水蒸気をふくむようになるためには、海の上で蒸発した水分をとりこむ必要があります。

③かわいた空気は砂漠に集まる

ところが、海から遠くはなれた陸地では水分をとりこむことができないために、かわいた空気はかわいたままです。砂漠は、このようなかわいた空気が集まっている場所で、そのために雨がふらないのです。

ただし、海のそばに砂漠が絶対にできないというわけではないぞ

2月3日 天気と生活 ②

寒いとどうして息が白くなるの？

🔍 ギモンをカイケツ！

口から出る水蒸気が冷やされて水のつぶになるから。

はく息が白くなると「冬が来たな」って感じるわね

🔍 これがヒミツ！

①空気のなかには水がふくまれている

空気のなかには、目に見えない水のつぶ（水蒸気）がふくまれています。そして、空気がふくむことができる水蒸気の量は、温度によって決まっています。

②冷たい空気はあまり水をふくむことができない

たとえば、30℃の空気は1m³あたり約30gの水蒸気をふくむことができるのに対して、20℃の空気は1m³あたり約17gしか水蒸気をふくむことができません。気温が低くなるほど、ふくんでいられる量が少なくなるのです。

③口から出る水蒸気が冷やされると、水のつぶになる

寒い場所で息をはくと、体温に近い温度の、水蒸気をたくさんふくんだ息が、冷たい空気にふれることになります。すると、息が冷やされて、そのためにふくむことができなくなった分の水蒸気が、目に見える水のつぶに変化します。これが、寒い日に息をはいたときに白く見えるものの正体です。

息の温度と外の空気の温度差が大きいから、こういうことがおこるのよ

天気の予測

2月4日(よっか)

「暦(こよみ)のうえではもう○○」ってどういう意味(いみ)？

💡 ギモンをカイケツ！

「昔(むかし)の暦(こよみ)でいえば○○の時期(じき)」という意味(いみ)。

> 今(いま)から150年(ねん)あまり前(まえ)に、日本(にほん)の暦(こよみ)は大(おお)きくかわったんです

🔍 これがヒミツ！

> 立春(りっしゅん)は、豆(まめ)まきをする節分(せつぶん)の次(つぎ)の日(ひ)ですよ

①月(つき)をもとにしていた昔(むかし)の暦(こよみ)

今(いま)、日本(にほん)で使(つか)われている暦(こよみ)（カレンダー）は太陽(たいよう)の動(うご)きをもとに決(き)められていますが、150年(ねん)ほど前(まえ)までは、月(つき)の満(み)ち欠(か)けをもとに、新月(しんげつ)（月(つき)が見(み)えなくなるとき）と新月(しんげつ)の間(あいだ)を1か月(げつ)とする暦(こよみ)が使(つか)われていました。これを旧暦(きゅうれき)といいます。

②一年(いちねん)を24に分(わ)けた二十四節気(にじゅうしせっき)

また、1年(ねん)を4つの季節(きせつ)に分(わ)け、さらにそれぞれの季節(きせつ)を6つに分(わ)けていました。これは二十四節気(にじゅうしせっき)といい、中国(ちゅうごく)から伝(つた)わったものです。二十四節気(にじゅうしせっき)には、春(はる)のはじまりをあらわす「立春(りっしゅん)」や秋(あき)のはじまりをあらわす「立秋(りっしゅう)」などがありました。

③今(いま)の暦(こよみ)とはずれがある

旧暦(きゅうれき)や二十四節気(にじゅうしせっき)は、今(いま)の暦(こよみ)とずれがあります。たとえば、立春(りっしゅん)は現在(げんざい)の暦(こよみ)でいえば2月(がつ)はじめにあたります。そのようなとき、まだ冬(ふゆ)だけれど「暦(こよみ)のうえではもう春(はる)」などということがあるのです。

2月5日

ジョン・ジェフリーズ

❓ どんな人？

はじめて気象観測をおこなった。

どうやっておこなったのか、気になりますね

日本の「気象予報士の日」は8月28日です（→269ページ）

こんなスゴイ人！

①今でも重要な気象観測

天気に影響をあたえる気圧、気温、湿度、風のようすなどを調べる気象観測は、天気予報や、災害から命を守ることなどに欠かすことのできないものです。その気象観測を最初におこなったのが、アメリカのジョン・ジェフリーズだといわれています。

②気球に乗る医師

ジェフリーズは18〜19世紀の人物で、本職は医師ですが、「気球乗り」でもありました。フランス人の仲間とともに、世界初の気球でのドーバー海峡（イギリスとフランスをへだてる海峡）横断を達成しており、気象観測も気球からおこなっています。

③誕生日がアメリカでは記念日

ジェフリーズが生まれた日である2月5日は、アメリカでは「気象予報士の日」であり、「気候変動の研究や警報などに必要なデータを集めるすべての人をたたえる日」とされています。

2月 6日(むいか) 雨・雪・雷

沖縄県でも雪がふることはあるの？

ギモンをカイケツ！

これまでに2回だけふったことがある。

ものすごくまれだけど、ふらないわけじゃない！

これがヒミツ！

久米島は沖縄本島の100kmほど西にある島よ

①一年じゅうあたたかい沖縄県

沖縄県は、一年を通してあたたかく、冬でも平均気温が18℃前後と、ほかの地域でいえば春のような陽気です。そんな沖縄県では1890年から雪の観測をしており、これまでに2回だけ、雪がふった記録があります。

②はじめてふったのは1977年

1977年2月17日、沖縄気象台の職員が、久米島という島でみぞれがふるのを目で見て観測しました。この日の久米島の最低気温は6.7℃。沖縄県だけでなく、全国的に大寒波と大雪にみまわれました。

③2回目の観測は39年後

2回目は2016年1月24日から25日です。久米島などで、39年ぶりにみぞれが観測されました。このときは沖縄本島でも、観測が始まって以来はじめてみぞれがふったことで、大きなニュースになりました。

2月7日

 大気・風・雲

寒波って何?

ギモンをカイケツ!

寒気によって気温が急に下がる現象のこと。

「寒波が襲来」などの表現に聞きおぼえはないかな?

これがヒミツ!

熱波の発生のようすは、地球温暖化とも関係があるかもしれないぞ

①寒気=まわりよりも冷たい空気

冬に天気予報を見ていると、寒気や寒波ということばを耳にすることがあります。寒気とは、まわりにくらべて温度が非常に低い、冷たい空気のことです。

②気温の低い状態を広範囲にもたらす寒波

冬に、北の方にある寒気が南に下がってきて、広い範囲に2日〜3日、またはそれ以上の期間、ふだんより大はばに気温が低い状態をもたらす現象を寒波といいます。寒気が大きく南下する年は、気温の低い範囲も南に大きく広がり、ふだんの年は雪がふらない地域でもふることがあります。

③危険な熱さをもたらす熱波もある

気温の低い日をもたらす寒波とは反対に、気温の高い日をもたらす熱波もあります。熱波は、空気が異常に暑い状態が3日以上つづく現象といわれています。暑さが原因でなくなる人が出るなど、外国では大きな問題になっています。

2月 8日(ようか)

ふしぎな現象

虹色じゃない虹ってあるの？

ギモンをカイケツ！

赤い虹や白い虹もある。

虹が絶対に七色になるとはかぎらないよ

これがヒミツ！

①色が分かれないこともある

ふつう、虹はさまざまな色がならんで見えます。しかし、ときには、そのようにさまざまな色にならない虹もあります。

②朝夕に見られる赤虹

朝焼けや夕焼けのとき、太陽の光にふくまれる赤以外の色は、散らばって見えなくなってしまいます。朝焼けや夕焼けが赤く見えるのは、そのためです。このようなときにできる虹は、もともと赤い光しかないので、赤くなります。これを赤虹といいます。

太陽が低い位置にあるときは、光が空気のなかを通ってくる間に赤以外の色は散らばってしまう

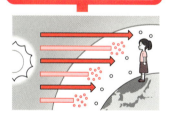

③霧や雲によってできる白虹

ふつうの虹は、光が雨のつぶでいろいろな色の光に分かれることでできます（→ 41ページ）。ところが、雨のつぶよりも小さい霧や雲のつぶでできる虹は、光が分かれにくいため、もともとの白っぽい光のまま虹になります。これを白虹といいます。

2月9日

気候・季節

北海道が寒くて沖縄県があたたかいのはなぜ？

ギモンをカイケツ！

沖縄県の方が太陽の光が高い位置から当たるから。

理由は、地球上での位置のちがいにあるぞ

これがヒミツ！

①沖縄県の方が南にある

地球は丸いため、赤道に近い場所ほど、太陽の光が真上に近い（高い）位置から当たります。沖縄県は、日本のなかでは南の方、つまり赤道に近い場所にあります。そのため、太陽の光は、ほかの場所よりも高い位置から当たります。

②北海道は赤道から遠い

一方、北海道は沖縄県にくらべると赤道から遠い場所にあるため、太陽の光はより低い位置から当たります。

③太陽の光が高い位置から当たるとあたたかくなる

太陽の光は、真上に近い場所から当たるほど、その場所をあたためるはたらきが強くなります。そのため、赤道に近い沖縄県のほうが、赤道から遠い北海道よりもあたたかくなるのです。

太陽をさしている手の角度のちがいで、太陽の位置のちがいがわかるね

太陽の光

column 01

重要ワード 太陽の光の角度

これだけでわかる！ 3POINT

太陽の光が当たる角度は、場所によってもちがうし、同じ場所でも季節や時刻によってかわる。このことが、季節や気候に大きな影響をあたえているぞ

❶ 太陽の光が当たる角度は、一定ではない。

❷ 角度がかわると、あたたまり方がかわる。

❸ そのちがいが季節や気候をつくっている。

●太陽の光が真上から当たるとき

●太陽の光がななめから当たるとき

同じ面積

このふたつの図を見て。太陽の光がななめから当たるときは、真上から当たるときにくらべて、同じ面積で受けとれるエネルギーの量が少なくなるの

太陽の光が低いところから当たるようになればなるほど、得られるエネルギーが少なくなっていくんじゃ

2月10日(とおか)

寒い日に窓の内側がぬれるのはなぜ？

ギモンをカイケツ！

空気のなかにあった水蒸気が、水になって窓につくから。

あの水は、もともと空気のなかにあったものなのよ

これがヒミツ！

冷たいものを入れたコップがぬれるのも、同じしくみだよ

①空気にふくまれている水蒸気

空気のなかには、目に見えない水のつぶ（水蒸気）がふくまれています。そして、空気がふくむことができる水蒸気の量は、温度によって決まっています。

②ふくむことができる水蒸気の量の変化

空気がふくむことができる水蒸気の量は、30℃のときは約30g、20℃のときは約17g（1m³あたり）というように、気温が低くなるほど、少なくなります。

③ふくむことができなくなった水が窓につく

外が寒くて室内があたたかいと、外の冷たい空気が窓ガラスにふれることで、窓ガラスが冷たくなります。すると、室内のあたたかい空気がガラスによって冷やされ、ふくむことができなくなった分の水蒸気が、水となって窓ガラスにつきます。そのため寒い日には窓の内側がぬれるのです。これを結露といいます。

2月11日

春一番って何のこと？

ギモンをカイケツ！

春にはじめてふく強い南風。

これがふくと春が来るな、という感じがしますね

これがヒミツ！

①2月～3月にふく

季節が冬から春にうつりかわる時期に、強くあたたかい南風がふくようになります。これらの風のうち、その年にはじめてふく強い南風を「春一番」といいます。春一番は、正確には立春（2月4日ごろ）から春分（3月21日ごろ）にふく、秒速8m以上の風をさします。

天気図でみると、たとえばこんな感じのときだよ

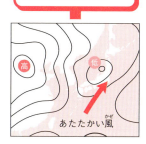

あたたかい風

②日本海の低気圧にあたたかい風がふきこむ

春になると、低気圧が発達して日本海にやってくることがあります。すると、この低気圧に向かって南からあたたかい風がふきこみます。これが春一番の正体です。

③春一番がふかない年もある

ただし、春一番が毎年かならずふくとはかぎりません。期間が決まっているので、ふかない年もあります。

2月12日

かまくらは雪でできているのになぜあたたかいの？

雪にはそんな能力もあるのね

ギモンをカイケツ！

雪には断熱効果があるから。

これがヒミツ！

秋田県の横手市には、毎年2月の15・16日の夜に、かまくらをつくる風習があるよ

①空気のおかげで熱がにげにくい

雪でできた部屋であるかまくらのなかは、意外とあたたかです。雪のかべに断熱効果があるからです。雪が積もるときには、間に空気がはさまります。空気は熱を伝えにくい性質があるので、かまくらの内側の熱が外ににげにくいのです。

②あたたかい空気がぐるぐるめぐる

かまくらのなかで火を使うと、さらにあたたかくなります。火によってあたためられた空気は、かまくらの天井に向かって上がっていきますが、天井までのぼると行き場をうしない、また下におりてきます。このくりかえしで、あたたかい空気がかまくらのなかをぐるぐるめぐります。

③入り口にも工夫あり

雪の壁は、外の冷たい風もふせいでくれます。しかも、入り口は小さめにして、なるべく風が入らない方角につくるので、冷たい風がふきこみにくいのです。

2月13日

雲は何種類あるの？

❓ クイズ

❶ 大きく分けると10種類、細かく分けると20種類。
❷ 大きく分けると10種類、細かく分けると60種類。
❸ 大きく分けると10種類、細かく分けると100種類以上。

➡ こたえ **❸** 基本となる分け方は10種類で、細かく分けていくと100種類以上になる。

最も細かく分けると、これぐらいになるんじゃ

10種雲形くらいまでは、おぼえておくといいぞ

🔍 これがヒミツ！

①あらわれる高さで3種類に分けられる

雲にはさまざまな形があります。これらを雲があらわれる高さで分類すると、高い空の上層雲、中くらいの高さの中層雲、低い空の下層雲の3つに分けられます。

②雲を大まかに分ける10種雲形

上層雲、中層雲、下層雲は、それぞれさらに細かく分けることができ、上層雲には巻雲、巻積雲、巻層雲、中層雲には高積雲、高層雲、乱層雲、下層雲には層積雲、層雲、積雲、積乱雲があります。この10種類を10種雲形といいます。

③細かく分けると100種類以上

10種雲形はそれぞれ、さらに種、変種などに分類できます。種は、雲のすがたや形がちがう15種類があります。変種は、雲のならび方や透明度がちがう9種類。そのほかに、雲の部分的な特徴で11種類、べつの雲といっしょに発生する雲が4種類あります。ほかにもいくつか分け方があり、組み合わせると100種類以上になるのです。

column 02

重要ワード　10種雲形（しゅうんけい）

積乱雲（せきらんうん）は、はげしい雨（あめ）や雷（かみなり）をもたらすこともある雲（くも）だよ

上層雲（じょうそううん）　中層雲（ちゅうそううん）　下層雲（かそううん）

(km)

巻層雲（けんそううん）（うす雲（ぐも））

積乱雲（せきらんうん）
（入道雲（にゅうどうぐも）、かなとこ雲（ぐも）、かみなり雲（ぐも））

10

高積雲（こうせきうん）（ひつじ雲（ぐも））

5

積雲（せきうん）（綿雲（わたぐも））

これだけでわかる！ 3POINT

地球上で見られるすべての雲の基本となるのが、この10種類の雲じゃ。これをおぼえておくと、役に立つぞ

❶ 雲の形は基本的には10種類に分けられる。

❷ 10種類の雲には、それぞれ名前がある。

❸ 10種類の雲は、できる高さが決まっている。

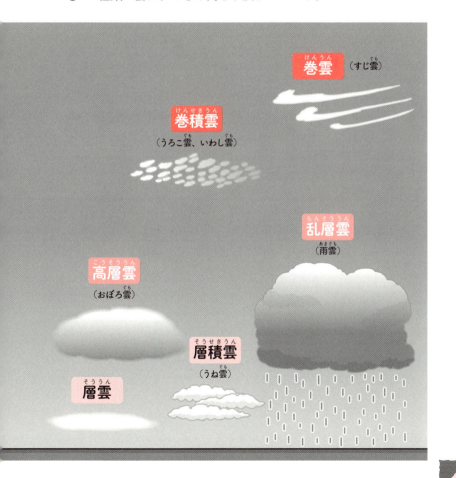

2月14日

ふしぎな現象

樹氷はどうしてできるの？

ギモンをカイケツ！

冷えた水のつぶが、木にぶつかってこおるから。

ただ単に木に雪が積もるのとは、ちょっとちがうんだ

これがヒミツ！

これが蔵王のスノーモンスターだよ

① 0℃でもこおらない水

ふつう、水は0℃になるとこおりますが、小さな水のつぶは、0℃以下になってもこおらないことがあります。このような状態を過冷却といいます。寒い冬の朝などの空気中に過冷却の水のつぶが多くふくまれていることがあります。

② 過冷却の水のつぶは衝撃でこおりつく

過冷却の状態になった水のつぶには、何かにぶつかるとこおりつく性質があります。そのため、木の葉などにあたった過冷却の水は、その場でこおりついてしまいます。

③ こおった水が樹氷になる

そして、過冷却の水がこおりつきながら成長していくと、まっ白な雪の枝のような樹氷となります。山形県の蔵王で見られる、樹氷が大きくなったものは「スノーモンスター（雪の怪物）」とよばれます。

2月15日 気候・季節

地球温暖化によってなくなるかもしれない国ってどこ？

ギモンをカイケツ！

ツバルなどの島国は、なくなるおそれがある。

国がなくなるかもしれないとは……少々こわいな

これがヒミツ！

①地球温暖化の影響を受けやすい島々

地球の気温が上がる地球温暖化がおこると、海水面が上がります。このとき、もっとも影響を受けやすいのが、高い山がなく全体的に地面が低い、小さな島々です。

②最もはやくしずむと考えられるツバル

太平洋にあるツバルは、海にうかんでいる小さな島々からなる国です。この国はサンゴ礁でできていて、国全体がとても低いのが特徴です。そのため、地球温暖化で最もはやくしずむ国と考えられています。

ツバルはオーストラリアのやや北東にあるよ

③100年後には人がほとんど住めない国になる

ツバルのまわりの海面は、毎年約4mm高くなっています。このままでは、首都であるフナフティのまちは2050年までに約半分がしずみ、100年後には人がほとんど住めない国になるといわれています。

2月16日

エルヴィン・クニッピング

❓どんな人？

日本で最初の天気図をつくった。

> 2月16日は天気図記念日とされています

こんなスゴイ人！

①政府にまねかれて来日

日本ではじめて天気図がつくられたのは、1883（明治16）年2月16日のことでした。それをつくったのはエルヴィン・クニッピングというドイツの気象学者です。当時、技術や知識を教わるために日本政府がまねいた専門家のひとりです。

> このやり方で毎日つくるのは、かなり大変だったんじゃないですかね……

②電報で情報収集

もちろん、当時は電話もインターネットもありません。天気図をつくるのに必要な各地の天気や気温、気圧、風のようすなどの情報は、電報によって集められました。

③天気図は紙でくばられた

この日以降、毎日天気図がつくられ、同じ年の3月からは印刷されて、役所や新聞社などに配られるようになりました。このことが、次の年の天気予報のはじまりにつながっていくことになります（→178ページ）。

こおった湖で魚がつれるのはなぜ？

ギモンをカイケツ！
湖の下の方は、表面よりもこおりにくいから。

こおった湖でつりができる場所は、結構たくさんあるのよ

これがヒミツ！

①こおった湖で生きている魚
テレビなどで、一面がこおりついた湖に穴をあけ、そこからつり糸をたらして魚つりをしているようすを見たことはありませんか？　でも、こおった湖のなかで、どうして魚は生きていられるのでしょう？

②4℃の水が最も重い
実は水には、温度が下がるほど重くなり、4℃のときに最も重くなり、それより低温になると逆に軽くなっていくという性質があります。

③4℃より冷たい水は上の方へ
寒くなって湖の水の温度が下がると、4℃に近くなるほど下の方にしずみ、4℃より冷たくなるとしずまなくなります。そして、水は表面からこおりはじめます。つまり、表面がこおっている湖でも下の方では魚は元気に泳いでいるのです。

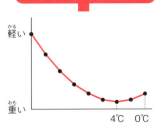

温度が変化すると、水の重さはこのように変化するよ

2月18日

季節予報ってどんなもの？

ギモンをカイケツ！

1か月先などの大まかな天候についての予報。

季節予報は、農業や漁業にはとても大切なものです

でも、ある都市の季節予報などは、できないんです

これがヒミツ！

①期間が長いので、大まかに予報する
季節予報は、1か月間や3か月間といった期間全体の大まかな天候について知らせる予報です。1か月の平均気温や1か月の降水量などを予報します。

②3つの階級や確率で予報する
季節予報では「今後1か月の気温が『高い』となる確率は50％」のように、3つの分類や確率が用いられます。3つの分類は「平年よりも低く（少なく）なるか」「平年なみとなるか」「平年よりも高く（多く）なるか」のことで、平年は30年間の平均値をさしています。

③季節予報は地域ごと
季節予報では、せまい範囲について予測することはむずかしいため、地域の平均的な天候を予測しています。北日本や東日本などの地域ごとに発表される全般季節予報と、北海道地方や東北地方、関東甲信地方といった地方ごとに発表される地方季節予報があります。

2月19日 きらきらかがやくダイヤモンドダストはなぜおこるの？

雨・雪・雷

クイズ
1. 空気中でごく小さな雷が発生するから。
2. 地面に落ちていた金属のつぶが風でまい上がるから。
3. 空気中の水蒸気がこおって、光を反射するから。

→ こたえ ③ ダイヤモンドダストの正体は、空気中の水蒸気がこおったもの。

かぎられた場所でしか見られないけれど、とてもきれいよ

これがヒミツ！

①見られるのはとても寒い場所だけ

空中をまう氷がきらきらとダイヤモンドのようにかがやく現象をダイヤモンドダストといいます。日本では、北海道の内陸部などで１月〜２月に見ることができます。

ダイヤモンドダストは、雲からふってくるわけではないのね

②こおった水蒸気に太陽の光が当たる

わたしたちのまわりの空気のなかには、目に見えない小さな水のつぶ（水蒸気。→ 285ページ）があります。気温がマイナス10℃以下になると、この水蒸気がこおって、小さな氷の結晶になります。この結晶が太陽の光を反射してかがやくのが、ダイヤモンドダストの正体です。

③ダイヤモンドダストが発生する条件

ダイヤモンドダストは、温度のほかに、いくつかの条件がそろうと見られます。まず、風が強いと氷の結晶ができにくくなるため、風がない日の方が発生しやすくなります。また、かがやきのもとは太陽の光なので、晴れていることも重要です。

気象病ってどんな病気？

ギモンをカイケツ！
気圧や温度、湿度の変化でおこるからだの不調。

人間のからだは、まわりのいろいろな要素に影響を受けるんじゃ

自律神経をよい状態に保つには、生活リズムをととのえることが大切だぞ

これがヒミツ！

①気圧などの変化が不調を引きおこす

気象病とは、気圧、温度、湿度などがかわることによっておこる、からだの不調のことです。雨が近づいてくると頭や関節が痛くなったり、梅雨の時期に気持ちがしずんでだるくなったりと、さまざまな症状があります。

②自律神経のバランスがくずれる

わたしたちのからだは、自律神経のはたらきによって、よい状態に保たれています。ところが、ストレスを強く感じたり生活リズムがくずれたりしていると、自律神経のバランスが乱れやすくなり、気象の変化にすぐに反応しやすくなります。また、気象の変化自体がストレスになり、自律神経のバランスを乱す原因にもなります。すると、からだに不調があらわれます。

③気象病に特に注意したい時期

気象病は、季節のかわり目や、気圧の変化が大きい時期におこりやすいといわれています。特に春先は、寒暖差も大きいので、注意が必要な時期です。

2月21日 ふしぎな現象

虹のふもとにはどうすれば行けるの？

ギモンをカイケツ！

みんな一度は、虹が出ている場所に行ってみたいと考えるよね

光がはねかえる角度は決まっているので近づくことはできない。

これがヒミツ！

①虹は太陽の光が42°になる位置に見える

虹は、太陽の光が空気中の水のつぶのなかで曲がってはねかえることでできます（→41ページ）が、このとき光がはねかえる角度は42°と決まっています。つまり、虹は太陽の光が進む向きと見る人の視線が42°になる位置に見えるのです。

②移動すると虹も動いていく

では、虹に近づこうとしたら、どうなるでしょう。わたしたちがいくら虹に近づこうとしても、虹はつねに太陽の光と自分がいる場所が42°になる位置に見えつづけます。

このように、太陽の光に対して42°の角度に見えるよ

③残念ながら虹には近づけない

そのため、わたしたちが場所を移動すると、虹もいっしょに遠ざかるような形になり、残念ながらふもとに行くことはできません。

73

2月22日

気候・季節

今まででいちばん寒かった日の気温はどれくらい？

❓クイズ

❶ マイナス 56.3℃
❷ マイナス 89.2℃
❸ マイナス 111.5℃

日本ではちょっと考えられない数字じゃな

➡ こたえ ❷ 南極で記録されたマイナス 89.2℃。

🔍 これがヒミツ！

①国内最低気温はマイナス 41℃

2024（令和6）年までで日本で最も最低気温が低かった場所は、北海道の旭川市です。今から120年以上前の1902（明治35）年にマイナス 41℃が記録されました。

②世界最低気温は南極で記録

世界では、日本よりもはるかに低い最低気温が記録されています。そのなかでもナンバーワンは、南極にあるロシアのボストーク基地で1983（昭和58）年7月21日に記録されたマイナス 89.2℃です。

ボストーク基地は、南極点のやや南東にあるよ

③第2位はマイナス 69.6℃

ボストーク基地につぐ記録は、1991年12月22日にグリーンランドで記録された、マイナス 69.6℃です。ただし人間が住んでいる場所にかぎれば、マイナス 67.8℃が第2位の記録となります。

2月23日

天気と生活 ②

冬に水道管が破裂することがあるのはなぜ？

🔍 ギモンをカイケツ！

水がこおってかさが増すから。

寒い地域に住んでいる人は経験があるんじゃない？

🔎 これがヒミツ！

①気温が低い日に水道管がはれつする

気温が0℃よりも低くなるほど寒い冬の日には、がんじょうなはずの水道管が破裂してしまうことがあります。これには、水道管のなかを満たしている水が関係しています。

②水はこおるとかさが増える

水には、こおるとかさが約1.1倍に増えるという性質があります。そのため、気温が0℃より低くなって水道管のなかの水がこおると、かさが増した分、内側から水道管を強くおします。すると、水道管がその力にたえられなくなって、破裂してしまうのです。

③岩を割ることもある

かさが増したときの氷のおす力は、とても強力です。岩の割れ目などにしみこんだ水がこおることで、岩が割れてしまうこともあります。

水をほんの少しだけ出しっぱなしにしておくなどすれば、破裂はふせげるわよ

2月24日 天気の予測

コンピューターは天気予報にどのように利用されているの？

ギモンをカイケツ！

未来の大気の状態を予想するのに使われている。

今の天気予報は、コンピューターなしには成り立たないんです

スーパーコンピューターは、みなさんのまわりにあるものよりはるかに高性能なコンピューターなんですよ

これがヒミツ！

①データ分析はコンピューターでおこなう

天気予報をつくるとき、観測したデータをスーパーコンピューターで分析し、未来の気象を予測します（数値予報）。そして、その結果をもとに、最終的には予報官や気象予報士が予報をつくっています（→ 332 ページ）。

②未来の大気の状態を予測する

スーパーコンピューターは物理方程式というものを使って、集めた気象のデータについてさまざまな計算をしています。この計算をすることで、未来の大気の状態を予測することができます。日本では、予想する大気現象の規模や期間が異なる 6 つの計算プログラムを使い分けて、はば広い天気予報ができるようになっています。

③1 秒間に 1 京 8000 兆回の計算

気象庁専用のスーパーコンピューターは、1 秒間に 1 京 8000 兆回の計算をおこなっています。予測するための計算は、地球上の大気を細かいます目状に区切って、それぞれの範囲についておこなうので、大量の計算が必要になるのです。

2月25日

人・できごと

ジョン・フォン・ノイマン

どんな人？

世界ではじめて
コンピューターによる
数値予報をおこなった。

コンピューターの分野でも、とても有名な人です

こんなスゴイ人！

①天気予報をささえるコンピューター

現在の天気予報は、コンピューターがなくては成立しません。大気の状態に関する複雑な計算が必要とされる、数値予報という手法によっておこなわれるからです。それを可能にしたのは、20世紀のアメリカの数学者、ジョン・フォン・ノイマンでした。

②現在のコンピューターの基礎をつくった

フォン・ノイマンは、現在のコンピューターの基礎となる「ノイマン型コンピューター」を考案したことで知られています。そんな彼が、コンピューターの活用法のひとつとして考えたのが、数値予報でした。

③24時間後の天気予報に成功

当時の技術では、24時間後の天気予報に、まる1日の計算が必要だったといわれます。それでも、この予報の成功が、天気予報の歴史を大きくかえました。

これが、最初の数値予報に使われたコンピューター。はばが24m、重さは30トンもあったんだ

2月26日

雪がふる前に道路で見かける白いつぶの正体は？

 ギモンをカイケツ！

雪をとかすためのもの。

雪がふる前に使うのがポイントよ

正体は、意外と身近なものだったのね

これがヒミツ！

①白いつぶの正体は塩分

雪がふる前に道路を見ると、白いつぶがまかれていることがあります。この正体は塩分です。この塩分には、雪をとかしたり道路が凍結するのをふせいだりする役割があるため、「融雪剤」や「凍結防止剤」とよばれています。

②塩水は0℃ではこおらない

道路にまかれた塩分は、雪や氷をとかします。そして、雪や氷がとけてできた水が塩分とまざると、塩水ができます。水は0℃でこおりはじめますが、塩水はこおる温度が0℃よりも低いため、道路がこおらないようにすることができるのです。

③いろいろな塩分を使い分ける

凍結防止剤に使われる塩分は、こおりはじめる温度などによって、いくつかの種類に分けられます。特に寒さのきびしい地域では、塩化カルシウムというものが使われます。これは、こおりはじめる温度を最大でマイナス50℃近くまで下げることができます。

PM2.5ってどんなもの？

クイズ

1μmは、1mmの1000分の1じゃ

❶ 午後2時半に発生する有害なつぶ。
❷ 気温が2.5℃になると発生する有害なつぶ。
❸ 2.5マイクロメートル（μm）以下の有害なつぶ。

➡ こたえ ❸ PMは「粒子状物質」をあらわす英語の頭文字。

目には見えないからわからないが、いろいろなところをただよっているぞ

①とても小さいけれど有害なつぶ

PM2.5は、大気中をただよっている大きさ2.5μm以下のとても小さなつぶです。髪の毛の断面が約70μmなので、それにくらべるととても小さいことがわかります。PM2.5は、工場の煙や自動車から出る排気ガスにふくまれていて、大気汚染（→40ページ）の原因のひとつでもあります。

②外国からやってくるPM2.5もある

PM2.5は、日本国外から運ばれてくる場合もあります。たとえば、中国の砂漠から飛んでくる黄砂（→111ページ）は、有害な化学物質をとりこみながら、日本までとどきます。この黄砂にふくまれる2.5μm以下の大きさのつぶもPM2.5です。

③病気を引きおこす可能性がある

PM2.5は、とても細かいつぶなので、人間が吸いこんでしまうと肺の奥の方まで入りこみ、ぜんそくや気管支炎といった、呼吸に関する病気を引きおこす危険性があるといわれています。

2月28日 マジックアワーって何?

 ふしぎな現象

ギモンをカイケツ！
日の出前や日の入り後の、空が美しい時間帯のこと。

英語で「マジック」は魔法、「アワー」は時間。「魔法をかけたように美しい時間」ということだね

これがヒミツ！

見るチャンスは、一日2回だよ

①空が赤く見える朝焼けと夕焼け

朝や夕方には、太陽の光は空気のなかを昼間よりも長く通ります。すると、赤色以外の光は散らばってしまい、赤い光だけがわたしたちの目にとどくため、空が赤く見えます。これが、朝焼けや夕焼けです（→368ページ）。

②空が美しくなるマジックアワー

日の出前（朝焼けの前）や日の入り後（夕焼けのあと）には、空の低い場所がうっすらと赤く明るくなり、その上の方が黄色や紺色になる時間帯があります。このような時間帯を、マジックアワーといいます。

③薄明ともいわれる

マジックアワーは、薄明（トワイライト）ともよばれます。またマジックアワーのときには、太陽とは反対の方角に地球の影が見えることがあり、これを地球影とよんでいます。その上にはビーナスベルトとよばれる赤紫色も見られます。

3月1日 (ついたち) 気候・季節

「寒(かん)のもどり」ってどういう意味(いみ)？

ギモンをカイケツ！

あたたかくなったあとに寒(さむ)さがもどってくること。

「春(はる)が来(き)た」と思(おも)ったころに寒(さむ)さがもどってくるんじゃ

これがヒミツ！

寒(かん)のもどりに備(そな)えて、服装(ふくそう)などにも注意(ちゅうい)しておきたいな

①春(はる)なのに急(きゅう)に寒(さむ)くなる

3月～4月にかけては、気温(きおん)が少(すこ)しずつ高(たか)くなっていく時期(じき)です。ところが、あたたかくなってきたと思(おも)ったら、急(きゅう)にまた寒(さむ)くなることがあります。このような状態(じょうたい)を「寒(かん)のもどり」といいます。

②日本海(にほんかい)の低気圧(ていきあつ)であたたかくなる

春(はる)になると、日本海(にほんかい)に低気圧(ていきあつ)（→325ページ）がやってくることがあります。すると、この低気圧(ていきあつ)の中心(ちゅうしん)に向(む)かってふきこむあたたかい南風(みなみかぜ)が通(とお)るため、日本(にほん)はあたたかくなります。

③寒冷前線(かんれいぜんせん)がやってくると寒(かん)のもどりになる

ところが、低気圧(ていきあつ)の西側(にしがわ)には、雨(あめ)をふらせる寒冷前線(かんれいぜんせん)（→186ページ）というものがあります。寒冷前線(かんれいぜんせん)が通(とお)ったあとは気温(きおん)が低(ひく)くなるため、この前線(ぜんせん)が日本(にほん)を通(とお)ると、急(きゅう)に気温(きおん)が下(さ)がり、寒(かん)のもどりがおとずれるのです。

春になると花粉症の人がつらそうなのはなぜ？

ギモンをカイケツ！
スギなどの花粉がたくさん飛ぶ時期だから。

春はスギが子孫を残そうとする時期なのね

これがヒミツ！

ただし、花粉症の原因になるのはスギの花粉だけじゃないわよ

①悪くないものをやっつけようとするアレルギー

人間のからだには、免疫といって、外から入ってきた悪いものをやっつけようとするはたらきがあります。ところが、免疫がはたらきすぎると、やっつけなくてよいものまでやっつけようとして、からだの調子が悪くなることがあります。これをアレルギーといいます。

②花粉症はアレルギーの一種

花粉症は、植物の花粉によって引きおこされるアレルギーです。主な症状としては、目がかゆくなる、くしゃみや鼻水が出る、頭がボーッとする、などがあげられます。

③スギの花粉が原因という人が多い

原因となる花粉には、さまざまな種類がありますが、とくに多いのが、スギの花粉による花粉症です。そのため、スギの花粉がいっせいに飛びはじめる冬の終わりから春のはじめには、花粉症になやまされる人が増えるのです。

3月3日

天気予報はどのくらい当たるの？

ギモンをカイケツ！

降水のあるなしは80％以上の確率で当たっている。

高いと思いますか？
低いと思いますか？

これがヒミツ！

当たりやすさは、さまざまな条件によって、かわってきます

①年間で80％以上の確率で当たっている

天気予報は、かならずしもすべて当たるわけではありません。しかし、今日や明日の天気予報については、1年間の平均で見てみると、80％以上の確率で当たっています。天気予報は、地域や季節によって、予報しやすい場合と予報のむずかしい場合があります。

②夏は予報が適中しづらい

季節に注目すると、春と秋の予報は当たる確率が高くなっています。一方、最も低くなっているのは、夏です。これは、夕立（→144ページ）のように、せまい範囲でおこる降水がよくあることが主な原因と考えられます。

③冬の北海道も的中する確率が低い

地域に注目をして見ると、冬の北海道地方で予報が的中する確率が低くなっています。北海道では、予報の対象となっている広い範囲全体にではなく、部分的に雪がふることがあり、その影響で低くなっているようです。

3月 4日

エドワード・ローレンツ

❓ どんな人？

天気予報をむずかしくする「バタフライ効果」を発見した。

バタフライは、英語でチョウのことです

小さな変化が大きな影響をおよぼすから、完全な予測はむずかしいんですね

🏷 こんなスゴイ人！

①天気予報に完璧はない

高性能なスーパーコンピューターを利用した数値予報が当たり前となっている現在でも、天気予報に完璧ということはありません。そのむずかしさを「バタフライ効果」ということばで表現したのが、20〜21世紀のアメリカの気象学者、エドワード・ローレンツです。

②小さなちがいが大きなちがいになる

あるときローレンツは、コンピューターを利用した数値予報をおこなっていて、入力する数値がほんの少しかわるだけで、予報の結果が大きくかわることに気づきました。

③チョウのはばたきの影響

ローレンツは自分の経験をふまえて、「ブラジルにいる1羽のチョウのはばたきが、遠くはなれたアメリカで竜巻を引きおこすかもしれない」とのべました。「バタフライ効果」ということばは、そこからきています。

3月5日(いつか) 雨・雪・雷

雪国の住まいの工夫にはどんなものがあるの？

ギモンをカイケツ！

柱を太く、かべをあつくするなどの工夫がある。

ひとつひとつの家に、くらしの知恵がつまっているのよ

これがヒミツ！

①がんじょうな家をつくる

雪国では、屋根に積もった雪をそのままにしておくと、雪の重みで家がつぶれるおそれがあります。そのため、雪国の家は、太めの柱を使ったり、柱の数をふやしたりして、がんじょうにつくられています。

②雪を落としたり、とかしたりする屋根

屋根には雪が大量に積もりすぎないようにする工夫があります。たとえば、自然に雪が屋根からすべり落ちるように屋根のかたむきを急にしたり、雪をとかすために屋根の下に熱を出す装置を設置したりしています。

屋根のかたむきを少し急にしておけば、積もった雪がひとりでにすべり落ちていくよ

③窓を二重にして寒さをふせぐ

もちろん、寒さをふせぐ工夫もあります。そのひとつが、窓を二重にすることです。そうすることで、窓を通して外の空気の冷たさが伝わったり、反対に室内の熱がにげたりすることをふせいでいます。

3月 6日(むいか)

大気・風・雲

空気の重さってどのくらい？

? クイズ

❶ てのひらに大人ひとり分くらい。
❷ てのひらに大人ふたり分くらい。
❸ てのひらに大人3人分くらい。

➡ こたえ ❷ 数字でいえば、100cm² あたり 100kg ほどになる。

みんなは空気の重さを感じたことはあるか？

🔍 これがヒミツ！

気圧が低いところでは、お湯がわく温度もかわるぞ（→116ページ）

①空気の重さでおされる力を気圧という

ふだん感じることはありませんが、空気には重さがあります。そして、この重さによっておされている力のことを気圧といい、ヘクトパスカル（hPa）という単位であらわされます。

②地上での空気の重さはキュウリ1000本分

1hPaを身近なものでたとえると、てのひらの上にキュウリ1本（100g）がのっているくらいの重さです。地上の気圧は1013hPaくらいなので、わたしたちはその1013倍の重さでおされているような環境のなかで生活していることになります。ただし、からだの内側から同じ重さでおしかえしているので、つぶされることはありません。

③富士山の山頂の気圧は640hPaくらい

気圧は高さによってかわり、10m高いところにいくと約1hPa低くなります。富士山頂は3776mなので、気圧は640hPaくらいになります。

ふしぎな現象

3月7日(なのか)

高潮と津波ってどうちがうの？

ギモンをカイケツ！

もちろん、どちらもおそろしい災害であることにちがいはないよ

高潮は台風など、津波は海底の地形の変化によっておこる。

これがヒミツ！

海のそばに住んでいる人は、地震がおこったら津波の情報にも注意しよう

①津波は地震によって生まれる

台風などが近づくと、海面がふだんよりも高くなると同時に、強い風で海水が大きく波打ちます。これを、高潮といいます。一方、海で地震がおこったとき、海底の地形が大きく動くことで生まれる波のことを、津波といいます。

②津波の方がエネルギーが大きい

このふたつにはでき方のほかにも、いくつかちがいがあります。たとえば、高潮の波は主に海の表面だけの水の動きですが、津波では海の深いところもふくめて大量の水が動きます。そのため、津波はふつうの波よりもはるかに大きいエネルギーをもっています。

③津波はとても大きな被害をもたらす

また、高潮の場合は波と波の間が数m〜数百mですが、津波では波の間が数km〜数百kmもあります。そのため、津波は海面全体が数m〜十数mも高くなったような状態で陸地の奥にまでおしよせ、高潮よりもはるかに大きな被害をもたらします。

気候・季節

異常気象ってどんなもの？

ギモンをカイケツ！
過去30年以上みられなかった極端な気象。

本来は、とてもめずらしいことのはずだが……最近はよく耳にするな

これがヒミツ！

ものすごく暑い、または寒いといったことも異常気象にふくまれることがあるぞ

①ふつうとかけはなれた気象
気象とは、数日や1週間、1か月ぐらいの期間の空気の状態、そして雨や風などのようすをさすことばです。そして異常気象とは、ふつうとはかけはなれた気象になることです。

②日本での「異常気象」
日本の気象庁では、過去30年以上にわたって観測されたことがないほど、ふつうとはちがった気象を異常気象とよんでいます。

③増えつづける異常気象
最近は、昔にくらべて異常気象が増えつづけています。たとえば日本では、気温が35℃をこえる猛暑日（→245ページ）の日数は、この100年で5倍になっています。また、1時間に100mmをこえる猛烈な雨の回数は、この50年で約2倍になっています。

3月9日 天気と生活 2

天気は人間の手でかえられるの？

ギモンをカイケツ！

雨をふらせる研究などはおこなわれている。

「今日の天気をかえられたら……」と思うことはあるわよね

これがヒミツ！

人工降雨の研究は日本でもおこなわれているのよ

①天気は自由にあやつれない

今の人間の科学では、残念ながら天気を自由にあやつることはできません。ただし、人工的に雨をふらせる人工降雨の研究は、すでに多くの国でおこなわれています。

②人工的に雨を降らせる人工降雨

雨は、雲をつくる水や氷のつぶが大きく重くなることでふります（→ 123 ページ）が、これらのつぶは、かんたんには大きくなりません。そのようなとき、人間の手で空中にちりのような小さなつぶをまくと、それに水や氷のつぶがくっついて大きくなり、やがて雨になります。これが人工降雨のしくみです。

③北京オリンピックの開会式の成功は人工降雨のおかげ!?

中国では、2008 年の北京オリンピックの開会式の前に人工降雨がおこなわれました。開会式当日が晴れになったのは、事前にわざと雨をふらせておいたからではないかともいわれています。

3月10日 人・できごと

正野重方（しょうのしげかた）

❓ どんな人？

20世紀なかばに人工降雨の実験をおこなった。

> 藤田哲也（→169ページ）や真鍋淑郎（→310ページ）の先生でもあった、すごい人なんです

👤 こんなスゴイ人！

> 当時、新聞でも大きくとり上げられるなどして、話題になったそうですよ

①人工降雨の歴史は長い

人工的に雨をふらせる「人工降雨」の研究は、意外と古くからおこなわれています。日本では、明治～昭和時代の気象学者、正野重方が1950年代におこなったものなどが知られています。

②使ったのはドライアイス

正野は1951年に福島県内で、水や氷のつぶがくっつく芯になるよう、気球を使って上空にドライアイスの小さなつぶをまき、雨をふらせる実験を計画しました。実際には計画どおりには実行できなかったともいわれていますが、いずれにせよ、めざましい成果が得られた、というわけではなかったようです。

③電力会社にたのまれた

正野はこの実験を、電力会社から相談を受けたことでおこなったといわれています。水が流れ落ちる力を利用して電気を生みだす水力発電では、ダムに水をたくさんためる必要があるからです。

3月11日

天気の予測

降水確率ってどうやって計算しているの？

ギモンをカイケツ！

同じような大気の状態のときに何回雨がふるかを計算する。

考え方は、意外とかんたんなんです

降水確率には、雨の強さはまったく関係ありません

これがヒミツ！

①同じ大気の状態で、何回雨がふるか

天気予報などでよく耳にする降水確率は、その天気図（→362ページ）にしめされたのと同じ大気の状態になったとき、何回雨がふるかを計算したものです。「雨がふる回数÷同じ大気の状態になる回数」で求めます。降水確率40％の場合は、「40％」という予報が100回発表されたとき、そのうちおよそ40回は1mm以上の降水があるという意味になります。

②100％でも大雨とはかぎらない

降水確率の「降水」は、「一定の時間内に1mm以上の雨または雪がふること」をさします。「降水確率100％」と聞くと、大雨を想像するかもしれませんが、実際は弱い雨ということもありえます。

③数字だけで判断しない

降水確率は、かさをもつかを決めるひとつの判断材料にはなりますが、この数字だけではなく、時系列予報などで雨がふりそうな時間も見て判断するとよいでしょう。

3月12日

人・できごと

中谷宇吉郎

？どんな人？

世界ではじめて人工的に雪の結晶をつくった。

雪の結晶をつくれるとは、知らなかった人もいるんじゃないですか？

こんなスゴイ人！

雪の研究をはじめたきっかけのひとつはベントレー（→400ページ）の写真集だったそうです

①雪の結晶は人間にもつくれる

雪の結晶は、まるで自然がつくりだした芸術作品のように思えることもあります。そんな雪の結晶を、世界ではじめて人工的につくることに成功したのが、明治〜昭和時代の科学者、中谷宇吉郎でした。

②気象条件との関係を研究

中谷は、さまざまな雪の結晶を観察して分類し、どんな気象条件のときに、どんな結晶が見られるかをくわしく研究しました。その成果が、1936（昭和11）年3月12日の、世界初の人工の雪の結晶の作成でした。

③天からの手紙を読んだ

中谷宇吉郎が残した有名なことばのひとつに「雪は天から送られた手紙である」というものがあります。これは、雪の結晶を見れば、上空の大気のようすがわかるということをあらわしています。

3月13日 雨・雪・雷

雪は食べてもいいの？

💡 ギモンをカイケツ！

不純物がふくまれているので、食べてはいけない。

小さい子が口に入れようとしていたら、止めてあげてね！

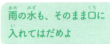

雨の水も、そのまま口に入れてはだめよ

🔍 これがヒミツ！

①さまざまなものがふくまれる雪

空からふってくる雪は、まっ白なかき氷のようで、「おいしそう」と思う人もいるかもしれません。しかし実際には、砂ぼこりや工場から排出されるすすなどの小さなつぶといった不純物がふくまれています。

②雪のもとになる小さなつぶ

雲のなかで雪ができるとき、まずは小さな水のつぶが集まります。このとき、水のつぶのなかに芯になるものが必要なのですが、それが空気のなかをただよっている砂ぼこりや波しぶき、工場から排出されるすすやちりなどの小さなつぶです。

③落ちてくる間にもよごれる

さらに空からふってくるときにも、雪は空気中の不純物をくっつけながら落ちてきます。これは雪だけでなく、雨も同じです。どんなにおいしそうに見えても、絶対に食べるのはやめましょう。

3月14日

大気・風・雲

爆弾低気圧ってどんなもの？

ギモンをカイケツ！

あたたかい空気と冷たい空気がぶつかって急に発達する低気圧。

「爆弾低気圧」は通称で、正式な気象用語ではないぞ

これがヒミツ！

この名前がついたのは、1978年にイギリスの豪華客船が低気圧が原因で事故にあったことがきっかけといわれているんじゃ

①中心の気圧が短時間で低下する低気圧

爆弾低気圧とは、中心の気圧が24時間でおよそ24ヘクトパスカル（hPa）以上低下する低気圧（→325ページ）のことです。特に春に多く発生します。

②冷たい空気とあたたかい空気がぶつかる

低気圧のエネルギーのもとは、あたたかい空気と冷たい空気の温度差です。春の日本のまわりには、北風をもたらす冷たい冬の空気と、南風をもたらすあたたかい空気があります。このふたつがぶつかると、その間で気温差をなくそうとして、北風と南風がさらに強まり、両方の風がぶつかって低気圧のうずになってぐるぐるまわります。こうして、低気圧が発達します。

③台風よりも広い範囲で風がふく

爆弾低気圧は、暴風やはげしい雨をもたらす点が台風に似ています。しかし、台風よりも広い範囲で風がふき、より短時間で風が強まるという特徴があります。

3月15日 ふしぎな現象

天割れってどんな現象？

ギモンをカイケツ！

大きな雲の影で、空の色がふたつに分かれて見えること。

これは、なかなか見られない現象だよ

これがヒミツ！

刷毛か何かでぬったみたいに、きれいに分かれているね

①空の色が分かれて見える
夏の夕方などに、空の色がくっきりとふたつに分かれて、まるで空が割れているように見えることがあります。これを「天割れ」といいます。

②正体は雲の影
天割れの正体は、実は雲の影です。大きな雲のまわりに、水のつぶが多い空気やうすい雲が広がっているとき、大きな雲の影がまわりの空気やうすい雲にうつり、天割れになって見えるのです。

③薄明光線ともいう
天割れは、薄明光線ともよばれることがあります。薄明光線は、長くのびて太陽のちょうど反対側の一点に集まっていくこともあります。このような場合は、反薄明光線とよばれます。

3月16日 気候・季節

600°Cの法則って何？

ギモンをカイケツ！
桜がさく日をだれでも予想できる法則。

桜がさく日がわかれば、お花見の予定が立てやすいな

これがヒミツ！

毎日最高気温を調べて、たし算をするだけだから、かんたんじゃ

①桜がさく日は予想できる

桜は、寒い冬の間はねむっていますが、気温が高くなってくると目をさまし、3月のなかばから4月のなかばごろに花をさかせます。そして、実は花がさくおおよその日づけは、毎日の気温から計算して、だれでも予想することができます。

②最高気温の合計が600°Cになったら花がさく

方法は、かんたんです。2月1日を最初の日として、その日から毎日の最高気温をたしていくのです。そして、その合計が600°Cになる日が、花がさく開花日（→118ページ）になることが多いのです。

③開花日には冬の寒さも関係する

ただし、桜がいつさくかには、冬の間の寒さも関係しています。そのため、600°Cの法則がどんな年でも絶対に当てはまるとはかぎりません。

3月17日

天気と生活 2

3月

百葉箱って何？

ギモンをカイケツ！
かつて気象観測に用いられていた箱のこと。

見たことがある人もいるんじゃないかしら？

これがヒミツ！

①温度計などが入った四角い箱

昔は、木の箱に入れた温度計や湿度計で、温度や湿度をはかっていました。この箱を百葉箱といいます。太陽の光で温度が上がらないよう、光を反射しやすい白い色をしていて、風通しがよくなるように、壁にはすき間があります。

これが百葉箱。地面からの熱の影響を受けないよう、少し高さがあるよ

②昔は百葉箱で気象を観測していた

百葉箱は、全国各地にあった気象台（→319ページ）などにおかれ、天気予報などに役立てられていました。しかし、やがて空気を送る筒状の温度計で自動的に観測をし、しかもその結果をはなれた場所に送れるアメダス（→165ページ）が広まり、百葉箱は1990年代に正式な気象観測には使われなくなりました。

③学校にもかならずあった百葉箱

1990年代までは、学校にも百葉箱をおくことが決められていました。しかし、その決まりも今はなくなり、百葉箱をおいている学校はどんどん減っています。

3月18日 晴れと快晴って何がちがうの？

ギモンをカイケツ！

雲の量がちがう。

使い分けができるといいですね

これがヒミツ！

①雲の量で決まる天気

雨や雪などがふっていないとき、天気を決めるのは雲の量です。空を見上げたときの雲の割合を、雲量といいます。雲量は0～10までの整数であらわし、数字が小さいほど雲の量が少ないということになります。

雲量のちがいは、このようなイメージだよ

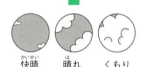

快晴　晴れ　くもり

②雲量がより少ないのが「快晴」

雲量が0～1のときは「快晴」、2～8のときは「晴れ」、9～10のときは「くもり」としています。つまり、「晴れ」と「快晴」では雲の量がちがうことになります。同じ「晴れ」でも、雲量が2と8では見た目がだいぶちがいます。

③くもりは「うすぐもり」と「くもり」の2種類に分けることも

雲は高さによって、高い順に上層雲、中層雲、下層雲に分けられます（→63ページ）。くもりは、見かけ上、上層雲が中層雲・下層雲より多いときは「うすぐもり」、中層雲・下層雲が上層雲より多いときは「くもり」と分けることもあります。

3月19日 雨・雪・雷

雪が積もっている日はどうして静かなの？

💡 ギモンをカイケツ！

雪が音を吸収するから。

> 雪の日って、静かで何だか落ち着くのよね

🔍 これがヒミツ！

> みんなの学校の音楽室に、穴のあいたかべはない？

①音は空気の振動

わたしたちの耳に聞こえてくるさまざまな音の正体は、空気の振動です。そのため、空気がまったくない場所では音は聞こえません。

②雪が空気の振動を吸収する

地面に積もった雪は空気をふくんでいて、すき間がたくさんあります。空気の振動である音は、そのすき間に入りこんでいきます。つまり、雪が音を吸収してしまうのです。

③雪と同じ効果をもつかべ

雪が空気の振動を吸収するしくみは、わたしたちの身のまわりでも利用されています。たとえば、歌や楽器の音をまわりに聞こえないようにするために、音楽室などのかべや天井に使われる「有孔ボード」は、小さな穴がたくさん空いていて、雪と同じように音を吸収します。

気団ってどんなもの？

ギモンをカイケツ！

広い範囲で気温などが
ほぼ同じである
空気のかたまり。

空気も、似た者どうし集まることがあるのだ

これがヒミツ！

①ほぼ同じ状態にある空気のかたまり

広い範囲にわたって、気温やふくまれる水蒸気の量がほぼ同じであるような空気のかたまりのことを気団といいます。海の上でできた気団はしめっている、寒いところでできた気団は冷たい、などの特徴があります。

日本のまわりの4つの気団の位置関係はこうなっているよ

②日本のまわりには4つの気団がある

日本のまわりには、冷たく乾燥しているシベリア気団、冷たくしめっているオホーツク海気団、あたたかくしめっている小笠原気団、あたたかく乾燥している揚子江気団の4つの気団があります。

③気団は季節に影響をあたえる

日本には四季がありますが、それぞれの季節の特徴にも、気団が影響をしています。春は揚子江気団、梅雨はオホーツク海気団と小笠原気団、夏は小笠原気団、秋は揚子江気団、冬はシベリア気団が影響をあたえています。

3月21日

ふしぎな現象

空に光の輪や虹色が見えることがあるのはなぜ？

ギモンをカイケツ！

雲のなかの氷のつぶで、太陽の光が折り曲げられるから。

空にはふしぎな現象がいろいろとあらわれるんだ

これがヒミツ！

①太陽が光の輪をつくる

虹（→41ページ）のほかにも、太陽の光はさまざまなふしぎな現象をおこすことがあります。たとえば、太陽のまわりにあらわれる光の輪も、そのひとつです。

これが、太陽のまわりにあらわれる光の輪、ハロ

②氷のつぶが光を折り曲げる

太陽のまわりにかかったうすい雲のなかに氷のつぶがあると、このつぶが光を折り曲げることで、太陽のまわりに光の輪が見えるようになります。これをハロ（日がさ）といいます。

③太陽のまわりにできるさまざまな形の虹色

また、氷のつぶの形がかわると、だ円形や反対向きなど、さまざまな形の虹色があらわれることもあります。環天頂アークや環水平アークとよばれるこれらの虹色もハロの一種です（→125ページ）。

3月22日

気候・季節

春分の日や秋分の日って、どんな意味があるの？

ギモンをカイケツ！

昼の長さと夜の長さが、ほぼ同じになる。

単なる祝日というわけではないんじゃ

これがヒミツ！

春分の日は昼が長くなりはじめるころ、秋分の日は夜が長くなりはじめるころでもあるな

①地球の2通りの回転

地球は一日に1回、北極と南極を結ぶ軸を中心に、こまのように回転しています。これを自転といいます。また同時に、一年かかって太陽のまわりを1周してもいます。これを公転といいます。

②かたむいたまま、まわっている地球

地球の自転の軸は、公転の面に直角な方向に対して、約23°かたむいています。そのため、日本では6月下旬に昼が最も長い夏至、12月下旬には夜がもっとも長い冬至があります（→389ページ）。

③夏至と冬至の中間にあたる日

夏至と冬至のちょうど中間にあたる日が3月下旬と9月下旬にあり、3月の方を春分の日、9月の方を秋分の日といいます。これらの日では、昼と夜の長さがほぼ同じ（実際は昼が少し長い）で、太陽は真東からのぼって真西にしずみます。

3月23日が「世界気象デー」になったのはなぜ？

クイズ

❶ 世界気象機関ができた日だから。
❷ 世界で最初の天気予報がおこなわれた日だから。
❸ 有名な気象学者の誕生日だから。

みんなは世界気象デーのことを知っていましたか？

→ こたえ ❶ 1950年のこの日に世界気象機関が発足した。

これがヒミツ！

世界遺産に関する仕事をしているユネスコも、国連の専門機関のひとつですね

①国際連合の専門機関のひとつ

世界気象機関は国際連合（国連）の専門機関で、WMOともよばれます。世界の193の国と地域が加盟しており（2024年1月時点）、日本も1953（昭和28）年に加盟しています。

②国どうしが協力して気象の仕事を進めるために

世界気象機関の主な仕事は、世界各国が協力して気象にかかわる仕事をおこなったり、気象に関する情報を交換をしたりできるしくみをととのえることだといえます。最近では、気候変動（→36ページ）へのとりくみも、重要な仕事のひとつとなっています。

③毎年恒例のキャンペーン

毎年、世界気象デーにテーマをもうけて、気象にかかわる仕事への理解を広めてもらうための国際的なキャンペーンがおこなわれています。2024年のテーマは「気候変動対策の最前線」でした。

3月24日

天気と生活 2

「春に3日の晴れなし」といわれるのはなぜ？

ギモンをカイケツ！

「3日」は3日間ということよ

春には、偏西風の影響ですぐに低気圧がやってくるから。

これがヒミツ！

春は結構天気がかわりやすいのね

①春の天気はかわりやすい

「春に3日の晴れなし」ということばは、春の天気がかわりやすく、晴れが3日間はつづかない、ということをあらわしたものです。そのようにいわれる原因となっているのが、偏西風という風です。

②春と秋に真上にくる偏西風

偏西風は、一年を通して日本付近の上空にふいている強い西風（→146ページ）で、夏には日本の北に、冬には日本の南に移動します。そして、春や秋には、ちょうど日本の上にやってきます。

③天気がよい日と悪い日のくりかえし

偏西風が日本の上にくると、その風に乗って高気圧と低気圧（→325ページ）が、西からたがいちがいにやってくるようになります。そのため、春や秋には、天気がよい日と悪い日が数日おきにくりかえされやすくなるのです。

105

3月25日 — 天気の予測

風速10m/sの風ってどんな風？

ギモンをカイケツ！

かさがさせなくなるくらいの風。

数字だけじゃよくわからないですよね？

これがヒミツ！

風がどれくらいになると危険なのか、知っておくといいですよ

①風速は空気が移動するはやさ

「風速」とは、空気が移動するはやさのことで、m/sという単位が使われています。たとえば10m/sであれば、「空気が1秒間に10m移動した」ということをあらわしています。

②風速10m/s以上はやや強い風

風の強さとふき方に天気予報などで使うことばとして、「やや強い風」「強い風」「非常に強い風」「猛烈な風」の4段階があります。風速10m/sの風は、このなかでは「やや強い風」にあたり、風に向かって歩きにくく、かさがさせません。

③台風も風速で区分けする

台風の大きさと強さも、風速によって決められています。台風の大きさは風速15m/s以上の風がふく範囲の半径、台風の強さは最大風速で区分けします。「非常に強い台風」だと、風速44m/s～54m/s未満となり、ブロックべいや家がこわれる可能性があります。

3月26日

雨・雪・雷

なだれは どうしておこるの？

❓ クイズ

❶ スキーをする人の体温で雪がとけるから。
❷ 積もった雪が重くなってすべり落ちるから。
❸ 山頂からふもとに向かって強い風がふくから。

➡ こたえ ❷ なだれは、山の斜面に積もった雪が重くなってすべり落ちることでおこる。

なだれは、雪山で気をつけなければならない災害よ

🔍 これがヒミツ！

①なだれには2種類ある

なだれは、山の斜面に積もった雪が重くなって、すべり落ちる現象です。雪がたくさんふり、寒さがきびしい冬におこりやすい「表層なだれ」と、気温が高くなってきた春先などにおこりやすい「全層なだれ」があります。

②猛スピードですべり落ちる表層なだれ

積もった雪の上に、さらに雪がふり、古い雪の上を新しい雪がすべり落ちるのが「表層なだれ」です。新幹線なみのスピードで、遠くまで雪がすべり落ちます。

③ややゆっくりな全層なだれ

全層なだれは、斜面にふり積もった雪全体がすべり落ちます。ただし、量が多くて重いので、スピードは表層なだれほどはやくはなく（とはいっても、自動車くらいのスピードはあります）、それほど遠くまではいきません。

表層なだれは上の方の新しい雪だけ、全層なだれは積もった雪すべてがすべり落ちるよ

表層なだれ

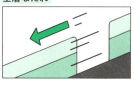
全層なだれ

3月27日

大気・風・雲

風と気流ってどうちがうの？

💡 ギモンをカイケツ！

風はある場所の、気流は上下の広い範囲の空気の動き。

似ていることばだが、きちんと使い分けよう

🔍 これがヒミツ！

「ジェット」とは、穴などからふき出す液体や気体の流れのことじゃよ

①大気の流れをあらわす風と気流

風と気流は、どちらも天気予報などでもよく用いられる、大気の流れをさすことばです。大気とは、地球のまわりをおおっている空気の層のことです（→48ページ）。

②横に動く風、たてにも動く気流

風はある場所での空気の横方向の動きをあらわし、気流は空気がたて方向にも広く動く場合に使います。たとえば、下から上に向かう空気の流れを「上昇気流」、上から下に向かう空気の流れを「下降気流」といいます。

③新幹線なみにはやい気流もある

ジェット気流ということばもありますが、実はこれはたて方向の大気の流れではありません。ジェット気流は、上空1万mくらいの高さでふく強い西風のことで、新幹線なみのスピードがあります。

3月28日 ふしぎな現象

ブルーモーメントってどんな現象？

ギモンをカイケツ！
日の出前や日の入り後に、空が深い青色になること。

> 朝焼けや夕焼けのすぐ近くに、空が青くなる時間があるんだ

これがヒミツ！

> 「モーメント」は英語で瞬間という意味。名前のとおり、ごく短時間の現象だよ

①空が深い青色におおわれる

朝のマジックアワー（→80ページ）の前や夜のマジックアワーのあとに、空が深い青色につつまれる時間帯があります。深い青色におおわれた、この時間帯の空をブルーモーメントといいます。

②短い時間しか見られない

ブルーモーメントは、青空が暗くなることでおこります。ただし、マジックアワーのあとの空はすぐにまっ暗になってしまうため、日本でブルーモーメントが見られる時間は、ごくわずかです。

③色のこさはどんどん変化する

空が完全に暗くなるまでの短い時間に、ブルーモーメントの青の色のこさはどんどん変化します。ブルーモーメントが見られる時間帯をブルーアワーということもあります。

3月29日

気候・季節

桜前線って何？

ギモンをカイケツ！

前線といっても、梅雨前線（→ 184 ページ）などとはまったくちがうぞ

桜の開花日が同じである地域を線で結んだもの。

これがヒミツ！

たとえば、このような図になるよ

①開花日が同じ都市を線で結んだ桜前線

民間の気象会社などでは、地域ごとに、桜の花がさくと予想される日を発表しています。これを桜の開花予想といいます。そして同時に、開花予想が同じ日である場所を線で結んだ日本地図も発表しています。これが桜前線の予想です。

4月○日
3月×日

②過去の開花時期や今年の気温などから計算

このような開花予想は、ソメイヨシノという種類の桜のこれまでの開花時期の研究結果と、その年の冬の寒さや春のあたたかさなどから、それぞれの会社が出しています。

③かつては気象庁が発表していた

桜の開花予想は、かつて気象庁が発表していましたが、2010（平成22）年に民間企業にまかせる形で、とりやめとなりました。

3月30日 黄砂って何？

天気と生活 2

ギモンをカイケツ！

中国から風に乗ってやってきた砂のこと。

生活にもさまざまな影響をあたえることがあるのよ

これがヒミツ！

①中国の砂がはるばるやってくる

中国には、ゴビ砂漠やタクラマカン砂漠などの大きな砂漠があります。その砂は風によってまき上げられ、上空の偏西風（→146ページ）によって運ばれ、日本で地上にふることがあります。これが黄砂です。

2000～4000kmもの距離を旅して、日本にやってくるんだ

②こまったことがいろいろおこる

黄砂が地面にふり積もると、野菜などの成長が悪くなることがあります。また、黄砂がふると見通しが悪くなるので、自動車の運転がしにくくなったり、飛行機が欠航になったりすることもあります。

③健康にも悪影響がある

さらに、人間が黄砂をすいこむと、くしゃみや鼻水が止まらなくなったり、目がかゆくなったりすることがあります。黄砂は一年中発生していますが、偏西風のふき方などの関係で、日本には特に春に多くやってきます。

3月31日

天気が「不明」なのってどんなとき？

❓ クイズ

❶ 観測がおこなわれなかったとき。
❷ どんな天気か知られたくないとき。
❸ 真夏に雪がふったとき。

➡ こたえ ❶ 観測がおこなわれなければ、天気は「不明」となる。

わからないときは「わからない」というんです

🔍 これがヒミツ！

①「天気不明」をあらわす記号がある

天気図（→ 362 ページ）上のそれぞれの観測地点に、観測した結果を記入するための記号を天気記号といいます。この天気記号のなかには「天気不明」という記号があります。

丸のなかに×印が、「天気不明」をあらわす記号だよ

②観測がおこなわれなかったら「不明」

雲などの観測は人間の目でおこなわれます。そのため、観測がおこなわれなかったときは、その場所の天気は「不明」として報告されることになります。また、自動的に観測している場所や、ある時間には天気を観測しないことになっている場所など、さまざまな理由で天気が不明になる場合があります。

③海の上では天気を観測していない

海上でも漂流型海洋気象ブイロボットというものを使って、気象観測がおこなわれています。ただしこのロボットは、気圧や水温などは観測しますが天気の観測はしていないので、これも天気は「不明」として報告されます。

4月

4月1日

人・できごと

ユーニス・ニュートン・フット

❓ どんな人？

二酸化炭素が温室効果ガスであることを発見した。

女性の科学者ですね

🏷 こんなスゴイ人！

① 19世紀にすでに発見

二酸化炭素が温室効果ガス（→140ページ）のひとつであり、地球温暖化（→264ページ）の大きな原因となっていることは、現在では広く知られています。これを最初に発見したのは19世紀のアメリカの、ユーニス・ニュートン・フットという人だといわれています。

② ガラス容器を使った実験

彼女は、さまざまな気体をガラス容器に入れて太陽の光の当たる場所に置き、温度の変化をくらべる実験をしました。その結果、二酸化炭素がたくさんあるほど高温になることに気づいたのです。

けっこう単純な実験だったんですね

③ 当時は注目されなかった

ただしこれは、地球温暖化が問題になるずっと前のこと。その後も、化石燃料（→270ページ）の利用はどんどん増え、地球の気温はますます上昇することになりました。

なだれからにげるにはどうすればいいの？

ギモンをカイケツ！
横方向に、ばらばらになってにげるとよい。

いざというとき、落ち着いて行動できるかが重要ね

これがヒミツ！

①山の斜面を雪がすべり落ちる

なだれは、山の斜面に積もった雪が重くなって、すべり落ちる現象です（→ 107 ページ）。「表層なだれ」と「全層なだれ」の 2 種類があり、はやいときには新幹線なみのスピードで雪がすべり落ちてきます。

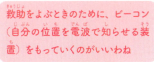

救助をよぶときのために、ビーコン（自分の位置を電波で知らせる装置）をもっていくのがいいわね

②みんなでいっしょににげてはいけない

もしも、なだれがおこったときに家族などといっしょだったら、ばらばらににげることが大切です。だれかひとりでもにげられれば、助けをよぶことができるからです。また、なだれは下に向かうので、にげるときは横に移動しましょう。

③巻きこまれたら大声で助けを求める

万が一、巻きこまれてしまったときに声が出せる状況なら、大声で助けをよびましょう。もしも口に雪が入った場合は、呼吸がしやすいようにはき出して、救助を待つことも大事です。

4月3日

 大気・風・雲

高い山の上ではお湯がはやくわくのはなぜ？

🔍 ギモンをカイケツ！

気圧が低くなかから水蒸気がはやく出てこられるから。

> 高い山の上では、お湯が100℃にならないので、カップラーメンをつくっても、めんがかたいままなんじゃ

🔍 これがヒミツ！

> お湯がわくと出てくるあわの正体は、とび出してくる水蒸気だよ

①「お湯がわく」はあわが出てくる状態

平地にいると、100℃でお湯がわきます。「お湯がわく」とは、なかから水のつぶが気体（水蒸気）となり、外にとび出していく状態です。しかし、高い山の上ではもっと低い温度でそうなります。

②山の上では気圧が低くなる

空気には重さがあり、その重さによってまわりをおす力を気圧といいます。山の上の方にいくと、空気はだんだんうすくなり、気圧も低くなります。

③気圧が低いと、水蒸気がとび出しやすい

水をあたためると、水のつぶが活発に動きまわるようになり、やがて水蒸気にかわります。しかし、気圧によっておさえられているため、100℃になるまで水蒸気はなかから外にとび出すことができません。ところが、高い山の上のように気圧が低い場所だと、おさえる力が弱くなるため、100℃よりも低い温度でなかから水蒸気がとび出し、お湯がわいた状態になります。

さかさまの船が空にうかんで見えることがあるのはなぜ？

💡 ギモンをカイケツ！

光が折れ曲がることで、実際の景色の上にさかさまの景色が見えるから。

よく見ると、うかんでいる船は上下さかさまになっているはずなんだ

🔍 これがヒミツ！

上位しんきろうは「春型しんきろう」ともいわれ、3月〜6月ごろに見られることが多いよ

①光は空気のさかい目で折れ曲がる

船が空にうかんで見える原因は、上位しんきろうとよばれる現象です。これには、温度のちがう空気のさかい目を通るとき、あたたかい空気の方から冷たい空気の方に折れ曲がるという光の性質が関係しています。

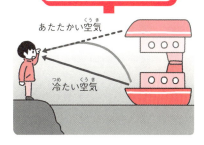

②光が下向きに折れ曲がる

冷たい空気の上にあたたかい空気がある場所では、空気のさかい目にとどいた光は、下向きに折れ曲がってわたしたちの目にとどきます。

③上位しんきろうによって船がういて見える

すると、わたしたちの目には、曲がってとどいた光をまっすぐのばした先に、景色があるように見えます。これが上位しんきろうです。なお、あたたかい空気の上に冷たい空気がある場合に見られる、下位しんきろうもあります（→ 374 ページ）。

4月5日(いつか)

気候・季節

桜の開花日はどのように判断するの？

ギモンをカイケツ！

基準となる木に5〜6輪の花がさいた日が開花日。

実際に花のようすを目で見て判断しているんじゃ

これがヒミツ！

花がひとつさいただけでは、「開花」にはならないぞ

①開花日は標本木で決める

桜の花がさいた日を、開花日といいます。気象庁では、全国の約100か所の気象台などで、標本木とよばれる木の花のようすを観測して、開花日を決めています。

②主に敷地内の桜が標本木になる

ふつう、標本木は気象台などの敷地内にありますが、そうでない場合は、近くにある桜の木が標本木とされることもあります。たとえば、東京の場合は靖国神社に、大阪の場合は大阪城公園に標本木があります。

③5〜6輪の花がさいた日が開花日

開花日は、この標本木に5〜6輪の花がさいた日です。なお、標本木となる木の種類は全国共通というわけではありません。全国的には主にソメイヨシノという種類の桜ですが、沖縄・奄美地方ではヒガンザクラが、北海道の北東部ではエゾヤマザクラなどが標本木となっています。

4月 6日（むいか）

天気と生活 2

くもりの日は気温の変化が小さいのはなぜ？

💡 ギモンをカイケツ！

太陽からの熱がとどきにくく、熱がにげにくいから。

くもりの日の方が気温は安定しているのね

🔍 これがヒミツ！

①太陽の光のとどきやすさのちがい

雲がなく天気のよい日は、太陽の光がたくさんとどくので、気温は上がりやすくなります。一方、空が雲におおわれていると太陽の光があまりとどかないので、気温の上昇のはばは小さくなります。

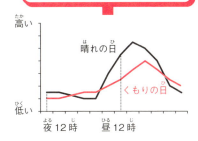

晴れの日とくもりの日の気温のうつりかわりをくらべると、たとえばこんな感じ

②熱のにげやすさのちがい

ただし昼間でも夜でも、地面の熱は、宇宙空間ににげていきます。このとき、空に雲がなければ熱はたくさんにげていきますが、雲があると熱がにげにくくなるため、気温は下がりにくくなります。

③雲が気温の変化をおさえる

つまり、くもりの日は晴れの日より気温が上がりにくく下がりにくいといえます。夜は、晴れている日の方が、くもりの日より寒くなることもあります。

4月7日 天気の予測

天気図の記号って何種類あるの？

ギモンをカイケツ！

ぜんぶで 25 種類。

記号がわかると、天気図をみるのが楽しくなりますよ

これがヒミツ！

たとえばこれは、風向が北東、風力は3、天気はくもり。

風の方向

①国際式と日本式の天気記号がある

テレビや新聞の天気予報でみられる天気図には、天気の情報が記号を使って書きこまれています。天気記号には、国際式天気記号と日本式天気記号があり、日本式天気記号は、ラジオを聞いて書きとれるよう、ややかんたんになっています。

②天気21種類、前線4種類の記号がある

日本式天気記号では、天気をあらわす記号が快晴、晴れ、くもり、雨、雪、雷、ひょうなど21種類、前線をあらわす記号が寒冷前線、温暖前線、停滞前線、閉塞前線の4種類あります。

③風向と風力もあらわす

天気図をかくときには、天気だけでなく、風向と風力も合わせて記録します。風は矢羽根を用いて、矢の方向で風のふいてくる方向をしめします。そして、羽根の本数で風の強さ（風力0～12）をあらわします。

column 03

重要ワード 天気記号

天気図で使われる記号は、たくさん種類があるのですが、ここでは基本となる14種類を紹介します

これだけでわかる！3POINT

❶ 天気図では、各地の天気を記号であらわす。

❷ 天気をあらわす記号は、ぜんぶで21種類ある。

❸ 風向・風速や、前線をあらわす記号もある。

主な天気記号

快晴　　晴れ　　くもり　　雨　　雪

霧　　ひょう　　あられ　　雷　　みぞれ

温暖前線　　　　　　　　閉塞前線

寒冷前線　　　　　　　　停滞前線

4月8日(ようか)

人・できごと

ユルバン・ルヴェリエ

❓ どんな人？
国による天気予報のしくみをつくった。

国が天気を予測することは、国民の安全を守るためにとても大事です

こんなスゴイ人！

①日本の気象庁も国の機関

現在の日本では、国の機関である気象庁（→128ページ）が天気予報を発表しています。このような国がかかわる天気予報のしくみを最初につくったのが、19世紀のフランスの科学者、ユルバン・ルヴェリエでした。

②船の沈没事故がきっかけ

ルヴェリエは、フランス政府の依頼を受けて嵐による船の沈没事故について調べるなかで、天気図（→362ページ）を毎日つくって天気のようすをチェックできるしくみがあれば、そのような事故はふせげるだろうと考えたのです。

③専門は天文学

ちなみに、ルヴェリエの本当の専門は天文学でした。パリ天文台の責任者をつとめ、太陽系の第8惑星の海王星が発見される前に、その位置を計算で予測するなどの業績を残したことで知られています。

政府から依頼を受けたのも、天文台の責任者をしていたときのことです

雨はどうしてふるの？

❓ クイズ
1. 宇宙から水や氷のつぶが落ちてくるから。
2. 雲から水や氷のつぶが落ちてくるから。
3. 飛行機から水をまいているから。

➡ こたえ ❷ 雲のなかで重くなった水や氷が落ちてくる。

雨のもとは雲なのよ

🔍 これがヒミツ！

①小さな水や氷のつぶで雲ができる

太陽の熱であたためられた地上の水は、目には見えない水蒸気（→285ページ）という気体になって、空にのぼっていきます。水蒸気は空の高いところで冷やされると、小さな水のつぶや氷のつぶになります。雲は、この小さな水や氷のつぶが集まったものです。

つぶが小さいうちは空にうかんでいられるのね

②つぶどうしがくっつき合う

雲のなかの小さな水や氷のつぶは、おたがいにくっつき合って、どんどん大きく、重くなっていきます。そして、やがて空中にういていられなくなります。

③重さにたえられずに落ちてくる

ういていられなくなった水や氷のつぶは、地上に向かって落ちてきます。落ちてくる間に気温が高くなると、氷のつぶも、とけて水のつぶになります。これが雨の正体です。

大気・風・雲

風はどうしてふくの？

ギモンをカイケツ！

気圧が高い場所から低い場所へ空気が移動するから。

風は、何もないのにふいているわけではないぞ

風がふいてくる方向を風上、風がふいていく先の方向を風下というんじゃ

これがヒミツ！

①空気はつねにおし合っている

空気には重さがあります。この重さは上から下へとのしかかりますが、おされた側にも空気や地面があるので、おし返されます。また、横に広がろうとした空気も、横にある空気におし返されます。このように空気はあらゆる方向でおし合っていて、このおし合う力を「気圧」といいます。

②空気のおし合う力の差で風が生まれる

空気がおす力が強いことを「気圧が高い」、弱いことを「気圧が低い」といいます。となり合う空気の気圧に差があると、気圧が高い（おす力が強い）場所から気圧が低い（おす力が弱い）場所へと空気がおし出されます。この空気の動きが風です。

③気圧の差が大きいと風は強くなる

風の強さのちがいも、気圧によって生みだされます。となり合う気圧の差が大きいほど空気をおす力は大きくなるので、空気ははやく動くようになり、風は強くなるのです。

4月11日 ふしぎな現象

いろいろな形の虹色はどうしてできるの？

ギモンをカイケツ！

氷のつぶが、太陽の光を折り曲げることでできる。

橋のような形の虹色だけじゃないんだ

これがヒミツ！

①氷のつぶによってハロができる

太陽のまわりにかかったうすい雲のなかには、たくさんの氷のつぶがあり、太陽の光を折り曲げます。このとき氷のつぶの向きがそろっていると、太陽のまわりにハロとよばれる光の輪や虹色ができます（→102ページ）。

それぞれの太陽との位置関係は、このようになるよ

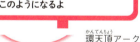
環天頂アーク

ハロ

環水平アーク

②太陽の上にあらわれる環天頂アーク

ハロのなかでも、太陽の上にあらわれるものを環天頂アークといいます。環天頂アークは「さかさ虹」ともよばれ、太陽が低いところにある朝や夕方などに、頭の上に見られます。

③太陽の下に横にのびる環水平アーク

また、太陽の下に横にのびる環水平アークもあります。春から秋にかけての昼ごろに、南の空の低い場所で見ることができます。

4月12日

 気候・季節

菜種梅雨って何？

ギモンをカイケツ！
菜の花が咲くころにふる春の長雨。

春でも梅雨のような天気になることがあるんじゃ

これがヒミツ！

①空気のさかい目にできる前線

あたたかい空気と冷たい空気のさかい目は雲ができやすく、雨がふりやすくなります。このようなさかい目を、前線といいます（→186ページ）。

②春になると日本付近に前線ができる

冬の間、日本は冷たい空気のかたまりであるシベリア気団におおわれています。ところが、春になるとシベリア気団は北に移動し、かわりにあたたかい空気のかたまりである小笠原気団が南から一時的にやってきます。すると、ふたつの気団のさかい目である日本の上空に前線ができ、しとしとと雨をふらせます。

時期でいうと、だいたい3月下旬から4月上旬ごろだな

③菜の花がさくころに雨がふる

このような春の長雨を、菜種梅雨といいます。これは、菜種の花（菜の花）がさくころにふる、梅雨の時期のような雨という意味です。

4月13日 天気と生活

「カエルが鳴くと雨」といわれるのはなぜ？

ギモンをカイケツ！
カエルは、雨が近づくと元気になるから。

雨が近づくと元気になるなんて、おもしろいわね

これがヒミツ！

①カエルが鳴くと雨になる確率が高い!?
昔から「カエルが鳴くと雨がふる」といわれます。かならずそうなるわけではありませんが、実際に雨がふる確率は高いという研究結果もあります。

②カエルは皮ふでも呼吸する
両生類であるカエルは、肺だけでなく、皮ふでも空気中の酸素をとり入れて呼吸をしています。これを皮ふ呼吸といいます。カエルは、必要な呼吸のうちの30～50％を、この皮ふ呼吸にたよっています。

③雨が近づくと皮ふ呼吸がしやすくなって元気になる
皮ふ呼吸では、皮ふがしめっている方が、酸素をより多くとり入れられます。雨がふりそうなときは、空気中の水分が増えて皮ふがしめり、カエルは皮ふ呼吸がしやすくなります。そのため、元気になって鳴きはじめるのではないかと考えられています。

呼吸しやすくなるから、鳴きたくなるのかしら？

4月14日

 天気の予測

気象庁って何？

ギモンをカイケツ！
気象や地震などに関する仕事をする国の機関。

みなさんのくらしや命を守る大事な仕事をしています

これがヒミツ！

東京管区気象台は気象庁（本庁）とはべつに、東京都清瀬市に置かれているんですよ

①気象や地震などに関する仕事をしている
気象庁は、気象や地震などに関する仕事をする国の機関です。いろいろな装置を使って、天気や地震、火山のようすを見はったり、天気予報や防災情報をつくって発信したりしています。

②全国に広がる大きな組織
気象庁は大きな組織です。まず、東京にある気象庁（本庁）の地方支分部局として、札幌・仙台・東京・大阪・福岡の管区気象台、そして沖縄気象台があります。さらにその下の組織として、地方気象台・航空地方気象台・測候所および航空測候所があります。気象台は、気象観測や気象と関連した研究活動をおこなっていて、天気予報や警報を出す仕事、資料の収集や配布をしています。

③気象庁があるから天気予報ができる
テレビやラジオ、インターネットなど、さまざまな方法で天気予報が発信されていますが、どれも気象庁のデータを利用しています。

4月15日

ジャン・バティスト・ジョゼフ・フーリエ

❓ どんな人？

最初に温室効果のしくみを発見した。

熱に関する理論で有名な人ですね

👤 こんなスゴイ人！

計算をもとにして、温室効果に気づいたわけですね

①見つけたのは数学者

水蒸気や二酸化炭素などの気体がもつ、宇宙へとにげていく熱の一部を吸収して地球にもどすはたらきを、温室効果といいます。これを最初に発見したのは、18〜19世紀のフランスの数学者・物理学者、ジャン・バティスト・ジョゼフ・フーリエだといわれています。

②地球の平均気温を計算

あるとき、フーリエは太陽から地球にとどく熱の量から、地球の平均気温を計算してみました。しかしその値は、実際の気温よりもかなり低いものでした。そこで彼は、地球から熱がにげていくのをじゃまする何かがあるのではないかと考えたのです。

③すべてを解明はできなかった

フーリエは、現在でいう温室効果が何のはたらきによるものかは解明できませんでした。その答えはのちに、ユーニス・ニュートン・フット（→ 114 ページ）やジョン・ティンダル（→ 141 ページ）らが発見することになります。

4月16日

雨・雪・雷

ふった雨の水はどこに行くの？

ギモンをカイケツ！
めぐりめぐって、また雨や雪となってふってくる。

ふった水はどこかに消えてしまうわけではないのよ

これがヒミツ！

①最後の行き先は海
山や森にふった雨は、川に流れるだけでなく、地面にしみこんで、そのまましばらく地中にとどまります。やがて、この水が時間をかけて集まってまた地上にあらわれ、川に入り、最後には海へと流れ着きます。

②まちにふった雨も海へと流れる
アスファルトなどでおおわれた地面には、水がしみこみません。そのため、まちには下水道を使って雨水を集めて、川や海へと流すしくみがあります。

③もう一度雨や雪になる
川や海に流れこんだ雨の水は、太陽の熱であたためられると、目には見えない水蒸気（→285ページ）という気体になって、空にのぼっていきます。この水蒸気が冷やされて、小さな水のつぶや氷のつぶになったものが雲で、この雲がふたたび雨や雪をふらせるのです。

水は姿をかえながら旅をしているのね

4月17日

 大気・風・雲

朝と夕方に風がふかなくなるのはどうして？

？クイズ

❶ ふく風の向きがかわる時間帯だから。
❷ すべての空気が重くなる時間帯だから。
❸ 空気がうすくなる時間帯だから。

朝や夕方、風がやむことで海がおだやかになることを凪というんじゃ

➡ こたえ ❶ 昼と夜ではふく風の向きがちがい、朝と夕方はそれが入れかわる時間帯にあたる。

🔍 これがヒミツ！

昼と夜では、風がふく向きが正反対になるよ

①気圧の高いところから低いところにふく風

風の正体は、気圧（空気の重さによっておされる力）の高いところから低いところへの空気の動きです。気圧は冷たい空気の下では高く、あたたかい空気の下では低くなります。

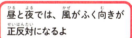
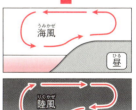

②昼間は海風、夜は陸風が吹く

陸地は海にくらべると、あたたまりやすく冷えやすい性質があります。昼間は陸地のほうが気温が高く気圧が低くなるので、海から陸地に向かって風（海風）がふきます。反対に夜になると、陸地は冷えて海上の気圧の方が低くなるので、陸地から海に向かって風（陸風）がふきます。

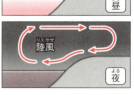

③海風と陸風が入れかわると風が弱まる

このように海風と陸風は、時間帯によって風向きが入れかわります。朝と夕方は、海風と陸風が交代するため、風が弱まる時間帯なのです。

4月18日 ふしぎな現象

洪水はなぜおこるの？

🔍 ギモンをカイケツ！
ふった雨の水が一気に川に集まるから。

短時間に大量の雨がふったときに、おこるおそれがあるよ

🔍 これがヒミツ！

川と下水、両方に注意が必要なんだね

①大量の雨がふると、雨水が一気に川に流れこむ
地上にふった雨水は、ふつうは地面にしみこみ、地下を通って少しずつ川に流れこみます。ところが、一度に大量の雨がふると、しみこみきれなかった雨水が一気に川に流れこんでしまいます。

②川の下流で水の量が一気にふえる洪水
川の下流では、多くの川が合流します。そのため、大雨がふると、下流では多くの川から大量の水が流れこみ、水かさが一気に増えたり、あふれたりします。これが洪水です。

③水があふれ出すはんらん
洪水によって水が堤防をこえ、まわりに流れ出すことを外水はんらんといいます。一方、雨水を川にしっかりと流すことができず、下水管などからまちのなかに水があふれ出すことを内水はんらんといいます。

4月19日

気候・季節

春になっても富士山の上に雪があるのはなぜ？

富士山の山頂の年平均気温はマイナス5.9℃じゃ！

ギモンをカイケツ！

高いところは、気圧が低くて気温も低いから。

これがヒミツ！

富士山には、夏になっても雪がとけきらない場所もあるぞ

①空気には気圧がある

空気には、ものをおす力があります。これを気圧といいます。地上では、その力は1m²あたり約10トンにもなります。それでも、わたしたちはからだの内側から同じ力でおしかえしているために、つぶれてしまうことはありません。

②上にのぼった空気は温度が下がる

地球をとりまいている大気は高い場所ほど少なくなり、その分、気圧も低くなります。そのため、地上付近であたためられて軽くなった空気が高い場所に行くと、ふくらみます。そして空気には、ふくらむと温度が下がるという性質があります。つまり、高い場所は地上よりも気温が低くなるのです。

③富士山の上は気温が低いために雪が残る

富士山の高さは3776m。当然、富士山の上の方の気温は地上にくらべて、はるかに低くなっています。そのため、ふった雪がなかなかとけないで残っているのです。

天気と生活 2

「太陽がかさをかぶると雨」といわれるのはなぜ？

ギモンをカイケツ！

天気が悪くなる前にできる雲がかさをつくるから。

太陽が雨に備えて、かさをかぶるわけじゃないわよ

これがヒミツ！

①かさの正体は光の輪

空にうすく雲がかかっているとき、太陽のまわりに光の輪が見えることがあります。このようすは、「太陽がかさをかぶっている」といわれることがあります。このかさの正体は、ハロとよばれるものです（→102ページ）。

これがハロの写真。これが見えたら、雨がふるかもしれない

②太陽の光が氷のつぶで折れ曲がる

空に雲の氷のつぶがあると、太陽の光が氷のつぶで決まった角度に折れ曲がります。この折れ曲がった光が、ハロをつくっています。

③ハロをつくるのは雲

ハロをつくるのは、主に高い場所にある巻層雲という雲です。この雲は、天気が少しずつ悪くなりはじめる、最初のころにあらわれます。そのため、「太陽がかさをかぶると雨」といわれるのです。

4月21日 注意報や警報って何？

天気の予測

ギモンをカイケツ！
災害がおこるおそれがあることを知らせるもの。

注意報や警報が出たら、気をつけてください

最大級の警戒をよびかける気象等に関する特別警報は大雨、暴風、暴風雪、大雪、波浪、高潮の6種類です

これがヒミツ！

①注意報を出し、さらに警報を発表する
気象庁は、大雨や大雪、強い風などによって災害がおこりそうになり、注意が必要なときに、注意報を発表します。そして、さらに大きな災害がおこりそうな状況がさしせまり、警戒が必要な段階になると警報を発表します。

②監視と今後の見通しをもとに発表する
災害がおこるおそれがあるとき、各地の気象台（→ 319 ページ）の予報官（→ 378 ページ）はさまざまな機器で観測した雨や雪のふり方や風のふき方などを監視しながら、いつごろから雨や雪、風が強くなり、そして最も強くなるのかなどの今後の見通しを立てます。そして、危険度の高まりに応じて、注意報や警報、特別警報を発表して、防災関係機関や報道機関などに伝えます。

③複数の警報や注意報で国民を守る
気象庁では、6 種類の特別警報、7 種類の警報、16 種類の注意報、5 種類の早期注意情報を発表して、警戒や注意をよびかけることで、国民の生活を守っています。

4月22日

野中至(のなかいたる)

？ どんな人？

明治時代に冬の富士山の山頂での気象観測に挑戦した。

今から120年以上前の話です

こんなスゴイ人！

①個人で観測をおこなう

野中至は明治時代に、冬の富士山の山頂で個人で気象観測をおこなった気象学者です。富士山の山頂に正式な観測施設がもうけられるよりも40年ほど前のことでした。

②妻とふたりで協力

野中は、みずから費用を出して、夏のうちに富士山の山頂に観測のための小屋を建てました。そして10月に入ると、妻の千代子とともにそこで観測をはじめ、12月下旬まで80日以上にわたって滞在しました。

③目的は達成できず

野中は本当はそのまま山頂で冬をこすことを考えていたものの、とちゅうで病気にかかってしまい、残念ながら山を下りることになりました。しかし、彼の仕事はのちに気象庁へと引きつがれることになりました。

当時は今ほど登山用具なども発達していなかったはずです

4月23日

 雨・雪・雷

雨がふる前ぶれってあるの？

ギモンをカイケツ！

雲や生きもののようすなどからわかる。

雨がふるかどうか、前もってわかったらいいよね

これがヒミツ！

①黒っぽい雲に注意！

雨のつぶをたくさんふくんでいる雲は、光を通しにくいので、黒っぽく見えます。昼間なのに空が暗くなり、黒っぽい雲があらわれたら、雨が間近にせまっていると考えられます。

②もくもくの雲が近づいてきたら注意！

もくもくの雲は、雨や雷をもたらす積乱雲（→ 226 ページ）という雲に成長するとちゅうの状態です。そのような雲を見つけたら、雨がふる可能性があります。

③セミが鳴きやんだら注意？

雲以外にも、雨がふるサインがあります。たとえば、セミが鳴きやんだときは、天気が急変する可能性があります。セミは、はねがぬれると飛べなくなり、敵からにげることができません。そのため、雨を察知したときには急に鳴きやんで、いち早く警戒しているようです。

夏はセミのようすにも注目してね！

4月24日

移動性高気圧ってどんなもの？

ギモンをカイケツ！

天気にも影響をあたえるので、名前をおぼえておくとよいぞ

春や秋などに、日本の上空を西から東へと移動していく高気圧。

これがヒミツ！

日本のまわりには、このような高気圧があるんだ

①高気圧＝気圧がまわりより高いところ

高気圧はまわりよりも気圧が高いところ、低気圧はまわりよりも気圧が低いところです（→325ページ）。

②春と秋にあらわれる移動性高気圧

日本のまわりには、冬はシベリア高気圧、夏は太平洋高気圧という高気圧があらわれますが、あまり移動しません。一方、春と秋には移動性高気圧があらわれて、西から東へと移動します。移動性高気圧は、空気のなかに水蒸気をあまりふくんでいないため、移動性高気圧におおわれるとすっきりと晴れます。

③移動性高気圧が通ったあとは天気がくずれる

ただし、移動性高気圧のすぐうしろには低気圧がいます。移動性高気圧におおわれていても、すっきり晴れるのは高気圧の東側半分くらいで、だんだん天気がくもりから雨へとかわっていきます。また、移動性高気圧の東側では気温が低めになりやすく、西側では気温が上がりやすくなります。

4月25日 ふしぎな現象

100年に一度の雨って、どれくらいの雨?

？クイズ

❶ 一日に100〜200mm。
❷ 一日に200〜400mm。
❸ 地域によってちがう。

➡ こたえ ❸ 北日本では一日に100〜200mm、西日本太平洋側では一日に200〜400mmぐらい。

地域によって、量にちがいがあるんだ

🔍 これがヒミツ！

①雨量の確率をあらわす確率降水量

気象庁では、全国の51地点で記録されている1901（明治34）〜2006（平成18）年の降水量のデータをもとに、どの場所で、どのくらいの雨が、どのくらいの確率でふるかを計算しています。これを確率降水量といいます。

100年に一度ということは、一生に一度あるかないかだよ

② 4種類ある確率降水量

確率降水量には、30年に1回、50年に1回、100年に1回、200年に1回という4種類があります。気象庁では、この確率降水量をもとに、とくに強い雨を「〇年に一度の雨」と表現しているのです。

③西日本では、100年に一度の雨は一日に200〜400mm

この確率降水量をもとに考えると、100年に一度の雨は、北日本（北海道と東北地方）では一日に100〜200mm、西日本（近畿地方、中国・四国地方、九州地方）の太平洋側では一日に200〜400mmぐらいということになります。

4月26日

温室効果ガスって何？

ギモンをカイケツ！

熱をたくわえて地球をあたためるはたらきをする気体。

「ガス」は気体という意味じゃ

これがヒミツ！

まったくなかったらこまるけれど、増えすぎるとそれはそれで問題なんだ

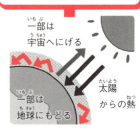

①地球は大気におおわれている

地球は、空気（大気）におおわれています。この大気には窒素や酸素、水蒸気、二酸化炭素など、さまざまな気体がふくまれています。

②熱がにげるのをふせぐ温室効果ガス

大気にふくまれる気体のうち、水蒸気、二酸化炭素、メタンなどには、地球から宇宙へとにげる熱をたくわえて、地球にもどすはたらきがあります。このような気体を、温室効果ガスといいます。

③温室効果ガスが多すぎると地球温暖化がおこる

今、地球の平均気温は約15℃ですが、温室効果ガスがなくなると、マイナス18℃になるといわれています。つまり、ちょうどいい量の温室効果ガスは、地球の温度を保つという、大切な役割をはたすのです。しかし、温室効果ガスが多すぎると、地球温暖化の原因となります（→264ページ）。

4月27日

人・できごと

ジョン・ティンダル

❓ どんな人？

水蒸気などが温室効果ガスであることを発見した。

今の環境問題対策にとって、とても重要な発見でした

💡 こんなスゴイ人！

①温室効果ガスは大気のなかにある

ジョン・ティンダルは、物理学を中心にはば広い分野で功績を残した19世紀のアイルランドの科学者です。その功績のひとつが、地球の大気にふくまれるいくつかの気体が温室効果ガス（→140ページ）であると発見したことです。

二酸化炭素については、アメリカにも同じ結論に達した人がいました（→114ページ）

②実験によって重要な発見

ティンダルよりも前に、温室効果と大気との間に関係があることは、すでに予想されていました。ティンダルはそれを一歩おし進めて、具体的に大気のなかのどの気体が温室効果ガスであるかを、実験によって明らかにしたのです。

③ナンバーワンは水蒸気

このときティンダルは、温室効果ガスとして水蒸気、二酸化炭素、メタンなどをあげ、なかでも水蒸気がもっともよく熱を吸収することを発見しています。

4月28日

天気と生活 ②

「ツバメが低く飛ぶと雨」といわれるのはなぜ？

ギモンをカイケツ！
虫たちのはねがしめっている証拠だから。

ツバメは春〜秋ごろまでしか日本にいないわよ

これがヒミツ！

①理由は食べ物に関係がある

昔から「ツバメが低く飛ぶと雨」といわれますが、それはいったいなぜでしょうか。実はその理由は、ツバメが主に、空中を飛んでいる小さな虫などをとらえて食べて生きていることと関係があります。

天気は鳥や虫たちのくらしにも影響をあたえるのね

②小さな虫は高く飛べなくなる

雨がふる前には、空気中の水分が多くなり、ツバメが獲物とする虫のはねも、しめり気をおびます。すると、しめってはねが重くなった虫たちは、あまり高く飛ぶことはできなくなります。

③獲物に合わせてツバメも低く飛ぶ

つまり、雨がふる前には、獲物となる虫が低いところを飛ぶようになるので、ツバメもそれに合わせて低く飛ぶようになるというわけです。

4月29日

天気の予測

「時々雨」と「一時雨」ってどうちがうの？

ギモンをカイケツ！
雨がふる時間の長さがちがう。

雨がふる時間が長いのは、どっちでしょう？

これがヒミツ！

意味を正確に知れば、天気予報がより便利になりますよ

①「時々」は予報期間の2分の1より短い

天気予報で「くもり時々雨」や「くもり一時雨」という予報を耳にすることがあります。「くもり時々雨」の「時々」は、雨がふったりやんだりして、ふっている時間の合計が予報期間（明日の予報であれば24時間）の2分の1より短いことをあらわします。「晴れ時々くもり」なども同じです。

②「一時」は予報期間の4分の1より短い

「くもり一時雨」の「一時」は、予報期間のうち4分の1（明日の予報であれば6時間）より短い時間、雨がつづけてふるという意味です。

③「のち」や「ところにより」も使われる

ほかにも「くもりのち雨」のような予報の場合は、予報期間の前半がくもり、後半が雨となる場合に使います。また、「ところにより雨」の場合は、時間ではなく、予報を発表した区域の半分よりせまい範囲で雨がふることをあらわしています。

4月30日

 雨・雲・雷

夕立はなぜ夕方にふるの？

ギモンをカイケツ！

気温が上がる午後に空気が上へ向かうから。

空気の流れが重要なポイントなのよ

これがヒミツ！

①夕方にかけてふる夕立

夕立とは、夕方にかけての時間帯に、とつぜんふる大雨のことです。雨の量についての基準はありません。30分から1時間ほどでやみます。

②夕立は積乱雲がふらせる

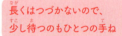
長くはつづかないので、少し待つのもひとつの手ね

夕立は、積乱雲（→226ページ）という雲からふります。積乱雲は、太陽の熱によって地面近くの空気があたためられ、上に向かう空気の流れが発生することで生まれる、背の高い雲です。雲のはばがせまいので、夕立はほとんどの場合、ふる場所とふらない場所がはっきりとわかれます。

③温度のちがいで積乱雲が発生する

午後になると、地面近くの気温は高くなります。すると、上空の気温との差が大きくなって、上に向かう空気の流れがおこりやすくなり、積乱雲が発生します。そのため、夕立は夕方にふることが多いのです。

5月

5月1日

大気・風・雲

地球にはいつも同じ向きにふいている風があるのはなぜ？

ギモンをカイケツ！

地球全体で、大気がつねに循環しているから。

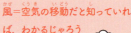

風＝空気の移動だと知っていれば、わかるじゃろう

これがヒミツ！

①大気の循環によって同じ向きに風がふく

一年を通して、いつも同じ向きに吹いている風のことを「恒常風」といいます。恒常風は、地球をとりまく大気の循環によってふく風です。

偏西風や貿易風は、地球の上をこのようにふいているよ

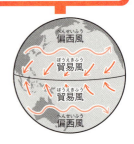

②地球の自転と南北の温度差でふく

恒常風のひとつに、偏西風とよばれるものがあります。地球は、北極と南極をむすぶ軸を中心に1日に1回転していて、これを「自転」といいます。偏西風は、地球の自転と南北の温度差の影響を受けて、西から東にふく風です。

③自転の影響を大きく受ける

「貿易風」という恒常風もあります。貿易風は、緯度がおおよそ30°以下の地域でふきます。赤道の近くで上昇した風が、30°付近で下降して、地表近くを流れます。自転によって西向きの力がはたらき、地球の北半分では北東から南西に、南半分では南東から北西に向かって貿易風がふきます。

ジョージ・ハドレー

❓ どんな人？
大気の循環のようすを解き明かした。

地球規模の空気の流れについて考えたんですね

💡 こんなスゴイ人！

①貿易風を生みだすのはハドレー循環

地球上でいつも同じ向きにふいている風が、恒常風です。そのひとつである貿易風を生みだす大気の循環のことを、ハドレー循環といいます。このよび名は、18世紀のイギリスの気象学者、ジョージ・ハドレーからきています。

これがハドレーが考えた循環のようすだよ

②赤道と南極・北極の間を循環している？

ハドレーは、恒常風がふくのは「地球の赤道近くであたためられた空気が軽くなって上空にのぼったあと、南極や北極に向かい、そこで冷やされて地表付近までおりて、ふたたび赤道近くにもどってくる」という大気の循環があるからだと考えました。

③基本的なしくみは正しかった

その後、実際には赤道近くで上空にのぼった空気は少し進んだところでもどってくることがわかりましたが、基本的なしくみはハドレーの考えたとおりだったことから、この大気の循環にハドレーの名前がつけられたのです。

5月3日

気候・季節

海の水が気候に影響をあたえるのはなぜ？

💡 ギモンをカイケツ！

大気をあたためたり冷やしたりするから。

実は海は、気候を決めるとても大きな要素なんじゃ

🔍 これがヒミツ！

①決まった方向に流れる海水

海の水には、つねに決まった方向へと移動する流れがあります。これを海流といいます。海流は、主に水の温度差や、偏西風や貿易風といった風（→146ページ）の力によっておこります。

②海水の温度が気温をかえる

海流には、あたたかい流れ（暖流）と冷たい流れ（寒流）があります。暖流が流れる地域では大気があたためられて気温が高くなり、寒流が流れる地域では大気が冷やされて気温が低くなります。その結果、海水が気候に影響をあたえるのです。

これが日本のまわりの海流のようす。色がついているのは暖流、黒は寒流だよ

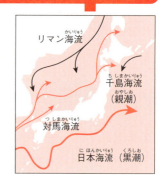

③高知県のあたたかさの理由も海流

たとえば高知県は、日本のなかではあたたかい地域のひとつですが、そのあたたかさには太平洋を流れる暖流である日本海流（黒潮）が影響をあたえています。

晴れてほしいときにてるてる坊主をつるすのはなぜ？

ギモンをカイケツ！

もとになったとされるお話がいくつかある。

遠足の前などにつくる人も多いんじゃないかしら？

これがヒミツ！

もとになったお話はずいぶんこわいわね……

①晴れてほしいときにつるす

晴れてほしいときにてるてる坊主をつるすのは、日本だけで見られる風習です。このような風習がなぜ生まれたかについては、いくつかの説があります。

②つるしたのははねられた首!?

ひとつ目は、お坊さんの話がもとになっているという説です。昔、ある殿様がお坊さんに雨をやませるように命令しましたが、雨はやみませんでした。おこった殿様は、お坊さんの首をはね、白い布につつんでつるしました。すると、間もなく晴れたことから、てるてる坊主の風習が生まれたというのです。

③もとは妖怪だという説もある

そのほかに、女の子が雨をふらせる竜と結婚して雨をやませたという中国の伝説にちなんでいるという説や、晴れた日にあらわれる日和坊という日本の妖怪にちなんでいるという説などもあります。

5月5日(いつか)

天気の予測

「うすぐもり」ってどういうこと？

ギモンをカイケツ！

雲量9以上で高いところに雲が広がっている状態。

ちょっとはっきりしない天気といえるかもしれません

これがヒミツ！

高さによる雲の分類については、64〜65ページを見てくださいね

①雲の量は10段階であらわされる

空にある雲の量を、雲量といいます。雲量は、空にある雲の割合を10段階であらわすものです。まったく雲がないときが雲量0、空全体が雲におおわれているときが雲量10です（→99ページ）。

②うすぐもりは雲量9以上

天気予報の番組などで聞かれる「うすぐもり」とは、雲量9以上で、見かけ上、低い雲よりも高い場所にある雲のほうが多く、雨や雪などがふっていないことをいいます。

③うすぐもりは晴れのあつかい

うすぐもりの状態では雲を通して太陽が見え、多くの場合、影もできます。また、「くもり」とついていますが、天気予報では晴れというあつかいになります。

ふしぎな現象

5月6日(むいか)

干ばつって何？

クイズ
1. 長い間雨がふらないこと。
2. 長い間太陽が出ないこと。
3. 長い間気温が0℃をこえないこと。

➡ こたえ ① 長い間雨がふらないことで、水がたりなくなる。

今後、地球温暖化が進めば、干ばつはますます増えると予測されているよ

これがヒミツ！

日本では1994（平成6）年に「平成の大かんばつ」といわれる状態になったよ

①雨が長い間ふらない
くらしに必要な雨が長い間ふらないことを、干ばつといいます。干ばつになると、地面にしみこんでいる水の量だけでなく、人間が使う水の源である川や井戸の水も少なくなり、わたしたちのくらしにさまざまな影響が出ます。これが水不足です。

②水不足で農作物が育たなくなる
水不足になると飲む水がたりなくなったり、料理や洗濯、入浴などが好きなようにできなくなったりすることもあります。また、農作物がうまく育たなくなり、食料がたりなくなるおそれもあります。

③世界中でおこっている干ばつ
日本では大きな干ばつはそれほど多くありませんが、アフリカやアジア、ヨーロッパ、オーストラリアなどでは、たびたび大規模な干ばつがおこり、人々の生活に大きな影響が出ています。

5月 7日

雨つぶの落ちてくるスピードってどのくらい？

💡ギモンをカイケツ！
強い雨だと、ゆっくり走る自動車くらい。

雨は意外とはやいのよ！

大つぶの雨ほどスピードが出るわよ

🔍これがヒミツ！

①スピードを決めるのは、つぶの大きさ
雨つぶが落ちてくるスピードは、いつも同じというわけではありません。どのくらいのスピードで落ちてくるかは、雨つぶの大きさによって決まり、小さなつぶはゆっくり、大きなつぶははやく落ちてきます。

②強い雨は自動車くらいのスピードがある
直径1mmの弱い雨の場合、雨つぶは秒速6mで落ちてきます。直径3mmの大つぶの雨になると、落ちるスピードは秒速7～8mまではやくなります。これは、時速にすると25～30kmと同じなので、ゆっくり走っている自動車と同じくらいのスピードで落ちてきていることになります。

③もっとはやい雨つぶもある
夏の積乱雲（→226ページ）からふる雨は、雨つぶの大きさが直径5mmほどと大きいため、スピードもさらにはやくなります。そのスピードは、秒速10m（時速36km）です。

 5月 8日(ようか)

 大気・風・雲

季節風ってどんな風？

? クイズ

❶ その季節にふいた最も強かった風。
❷ 季節がかわったことを知らせる風。
❸ その季節にふく代表的な風。

季節風は、一年中同じ向きにふく恒常風とはちがうぞ（→ 146 ページ）

➡ こたえ ❸ 夏には夏の、冬には冬の季節風がある。

🔍 これがヒミツ！

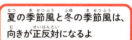
夏の季節風と冬の季節風は、向きが正反対になるよ

①夏は南東の季節風、冬は北西の季節風

季節ごとにふく代表的な風を季節風といいます。ユーラシア大陸と太平洋にはさまれた日本のまわりでは、夏は南東の季節風、冬は北西の季節風がふきます。

②夏は太平洋からユーラシア大陸にふく

太陽の光でユーラシア大陸があたためられると、太平洋より気温が高くなります。風は、気圧が高いところ（気温が低いところ）から気圧の低いところ（気温の高いところ）へとふきます。太平洋の空気がユーラシア大陸の方へ流れこむため、日本では南東の風がふくのです。

冬の季節風
夏の季節風

③冬の季節風は大雪を降らせる

冬は反対に、太平洋の方がユーラシア大陸より気温が高くなります。そのため、ユーラシア大陸の空気が太平洋の方へ流れこんで、北西の風がふきます。冬の季節風は、日本海の海上でしめった空気となり、日本海側にたくさんの雪をふらせます。

5月9日（ここのか）

ふしぎな現象

竜巻から身を守るにはどうすればいいの？

ギモンをカイケツ！

建物のなかに入って窓から遠い部屋などにかくれよう。

日本でもおこる可能性がある災害だということを忘れないで

これがヒミツ！

竜巻は猛スピードで進むよ。とにかく急いで避難しよう！

①じょうぶな建物に避難する

竜巻の近くでは、竜巻が巻き上げたさまざまなものが飛んでくるおそれがあるため、とても危険です。場合によっては、自動車や建物の一部などが飛んでくることもあります。これらから身を守るために、すぐにじょうぶな建物に避難しましょう。

②窓からは遠ざかる

風に飛ばされたものが窓に当たって、ガラスが割れるおそれがあります。また、強い風そのものが窓ガラスを割ることもあります。そのため、室内では窓からできるだけ遠ざかりましょう。

③窓から遠い場所にかくれる

風は、せまい場所を通るときには強くなります。強い風が建物のなかをふきぬけることもあるので、できれば窓から遠い浴室やトイレ、クローゼットなどにかくれましょう。

5月10日

気候・季節

大昔の気候は
どうすればわかるの？

ギモンをカイケツ！

南極の氷を調べるなどの方法がある。

地球の気候のようすは、かなり古い時代まで調べられているんじゃ

これがヒミツ！

①古い記録をもとに調べる

大昔の気候を調べるには、さまざまな方法があります。人間の文明が生まれた数千年前以降の気候は、その時代の書物などから知ることができます。人々の服装や農作物などの記録を見ることで、ある程度の気候がわかるのです。

年輪の間隔が広い年は、たくさん成長した＝気温が高めだったということになるよ

②木の年輪をもとに調べる

木の年輪からは、大昔の気温を知ることができます。木は、気温が高い年はさかんに成長し、寒い年にはあまり成長しません。そのため、数千年生きてきた木の年輪を調べることで、１年ごとの気温が、かなり正確にわかります。

③南極の氷なら数十万年前の気候がわかる

南極の氷からは、さらに昔の気候を知ることができます。南極の氷は、古いものほど深い場所にあります。これをほり出して、なかにふくまれている空気などを調べることで、数十万年ぐらい前までの気候を知ることができます。

クロード・ロリウス

❓ どんな人?

大昔の地球の気候変動のようすを解明した。

気が遠くなるほど昔の地球の気候を調べたんです

👤 こんなスゴイ人!

お酒に氷を入れて飲んでいるときに、この方法を思いついたそうですよ

① くりかえされてきた気候変動

地球の歴史のなかでは、平均気温が上がったり下がったりと気候変動がくりかえされてきたことがわかっています。そのことを明らかにしたのはフランスの科学者、クロード・ロリウスでした。

② 南極大陸に残る大昔の空気

気候変動の歴史を解き明かすのに役立つのが、南極大陸の氷床（広い範囲をおおうあつい氷）です。この氷床は、長い年月の間にふり積もった雪がかたまってできたもので、深いところにいけばいくほど、古い時代の空気が閉じこめられています。

③ 42万年前の氷をとり出す

そこでロリウスは、南極大陸の氷床を専用のドリルでほって昔の氷をとり出し、分析しました。1998年には、3623mの深さにあった、およそ42万年前の氷をとり出すことに成功しています。

5月12日

天気と生活 2

地震の前ぶれの雲があるって本当？

💡 ギモンをカイケツ！

本当ではないと考えられている。

はっきりしない情報には、まどわされないようにね！

🔍 これがヒミツ！

①地震の前にあらわれる？

昔から一部の人々の間では、地震がおこる前には「地震雲」という雲があらわれるといわれてきました。しかし、地震と雲に関係があるという証拠は見つかっていません。

雲について知っておけば、かんちがいすることもないわね

②正体は飛行機雲の場合も

地震雲といわれる雲にはいくつかの種類があります。なかでも代表的なのが、地面から空に向かってまっすぐにのびる雲ですが、これは実は、まっすぐ立って見えている飛行機雲です。

③でき方は地震以外の理由で説明できる

同じように、地震雲といわれる雲のでき方はほぼすべて、地震とは関係のない別の理由で説明できます。どうやら、地震をあらかじめ知らせてくれる地震雲というものはないと考えておいた方がよさそうです。

5月13日

天気の予測

雨雲レーダーってどんなもの？

ギモンをカイケツ！

電波を利用して雨の強さをしめすもの。

お出かけするときなどに、雨のようすがわかって便利ですよね

これがヒミツ！

レーダーには、電波を出すしくみと、はねかえった電波を受けとるしくみがあるんだ

①雨の場所や強さが画像で見られる

テレビの天気予報などには、雨の強さを色のちがいでしめした雨雲レーダーの画像が出てくることがあります。この雨雲レーダーは、雨がふっている場所や、その強さをしめしています。

②全国20か所で調べている

雨雲レーダーは、気象を調べる気象レーダーを利用しています。気象庁の気象レーダーは全国に20か所あり、雨雲の分布を調べています。

③マイクロ波がはねかえるようすで雨を知る

気象レーダーは、マイクロ波という電波を利用しています。この電波を雨つぶに当てると、電波がはねかえってもどってきます。そのはねかえり方は雨の強さによってちがうので、はねかえり方を調べることで、雨の強さがわかるのです。また、電波がもどってくる時間から、雨までの距離もわかります。

5月14日

人・できごと

ガブリエル・ファーレンハイト

❓ どんな人？

華氏の温度目盛りをつくった。

> 日本では使われていませんけどね……

🏷 こんなスゴイ人！

①中国では「華倫海」

ガブリエル・ファーレンハイトは、17〜18世紀のドイツの物理学者で、アメリカなどで使われる温度の目盛りである華氏（°F）をつくった人物です。華氏の名称は、ファーレンハイトを中国では「華倫海」と書きあらわすことに由来します。

> 華氏の基準になったのはドイツの首都、ベルリンの気温だという説もあります

②統一された目盛りの必要性

あるとき、統一された温度の目盛りがないと不便だと考えたファーレンハイトは、健康な男性の体温と、水と氷がまざった状態の温度などを基準にした目盛りを考案したといわれます。これが、今も使われる華氏のもとになりました。

③誕生日は5月14日

ファーレンハイトの生まれた日である5月14日は、現在では「温度計の日」とされています。

5月15日 雨つぶの大きさにちがいがあるのはどうして？

雨・雪・雷

💡 ギモンをカイケツ！

雨つぶどうしがくっつくチャンスの数がちがうから。

雨つぶが大きくなる理由を考えればわかるわよ

🔍 これがヒミツ！

地面に落ちてくるまでの旅の間に大きくなるのね

①雨つぶの大きさはいろいろ

雨つぶの大きさは、すべて同じではありません。霧雨のような弱い雨の雨つぶは、直径0.5mm未満ととても小さいのに対して、直径8mmほどになる大きな雨つぶもあります。

②高いところの雲からふる雨つぶは大きい

雨つぶの大きさは、雲の高さに関係があります。低いところの雲からふる雨はつぶが小さく、高いところの雲からふる雨はつぶが大きくなるのです。これは、地面までの距離が長ければ、空中で雨つぶどうしがくっついて大きくなるからです。

③厚い雲からふる雨つぶは大きい

雨つぶの大きさには、雲の厚みも関係しています。厚い雲のなかで高いところから落ちてくる水のつぶは、雲のなかでも、まわりの水のつぶをくっつけながら成長します。そのため積乱雲（→226ページ）のような背の高い雲のなかでは、大きな雨つぶが生まれます。

5月16日

大気・風・雲

空っ風ってどんな風？

ギモンをカイケツ！

冬に関東地方などでふく冷たいかわいた風。

冬にふく風だということをおぼえておこう

これがヒミツ！

「空っ風」という名前から、乾燥しているイメージが伝わるな

①空っ風は季節風のひとつ

空っ風とは、関東地方や東海地方の太平洋側で冬にふく、冷たいかわいた風のことです。季節ごとにふく代表的な風で、季節風（→153ページ）が関係しています。

②北西の季節風が太平洋側にふき下りる

冬の日本では、ユーラシア大陸から太平洋の方に向かって、北西の季節風がふきます。この季節風は、あたたかかい日本海の上を通ってくるうちに、雪をふらせる雲を発生させます。そして日本海側の地域に雪をふらせたあと、山脈をこえて、太平洋側の地域へとふきおりてくるのです。

③空っ風は冷たくて乾燥している

日本海側の地域で雪をふらせたあとなので、太平洋側にやってきたときの空っ風は、とても乾燥しています。一度雪をふらせたあとのかわいた空気なので、雪はほとんどふりません。

5月17日

ふしぎな現象

竜巻はなぜおこるの？

ギモンをカイケツ！

空気がはげしくうずをまいて上にのぼるから。

竜巻は、積乱雲（→ 226 ページ）とセットであらわれるんだ

これがヒミツ！

①上向きの空気の流れが積乱雲をつくる

空気は、あたたまると軽くなる性質があります。そのため、地面近くの空気が地面の熱であたためられると、上向きの空気の流れ（上昇気流）が生まれます。そして、この上昇気流は、はげしい雨をふらせる積乱雲をつくります。

②空気がうずをまいて上にのぼると竜巻になる

上昇気流が積乱雲にふきこむときには、うずをまくことがあります。このうずは、上昇気流が強いほど細くなり、回転もはやくなります。このようにしてできたはげしい上昇気流のうずが、竜巻です。

③積乱雲から、ろうと雲ができる

竜巻が発生する前には、積乱雲から下向きにつき出した角のような雲が見られます。これを、ろうと雲といいます。

これがろうと雲。上にあるのが積乱雲だよ

5月18日

気候・季節

同じ時刻でも季節によって明るさがちがうのはなぜ？

ギモンをカイケツ！

季節によって太陽が出ている時間の長さがちがうから。

朝、同じ時間におきても夏と冬では明るさがちがうな

夏と冬では、昼の長さが最大で5時間ほどちがう場合があるぞ

これがヒミツ！

①地球は自転と公転をしている

地球は一日に1回、北極と南極を結ぶ軸を中心に、こまのように回転しています。これを自転といいます。また同時に、一年かかって太陽のまわりを1周してもいます。これを公転といいます。

②季節によって太陽の通り道が変化する

地球の自転の軸は、公転の面に直角な方向に対して、約23°かたむいています。そのため、日本では6月ごろに太陽の位置が最も高くなり、太陽が出ている時間が最も長くなります。逆に12月ごろには太陽の位置が最も低く、太陽が出ている時間が最も短くなります。

③季節によって日の出と日の入りの時刻が変化する

夏は、太陽が地上に出ている時間が長いため、日の出ははやく、日の入りはおそくなります。一方、冬は太陽が地上に出ている時間が短く、日の出はおそく、日の入りははやくなります。そのため、同じ時刻でも空の明るさにちがいが出るのです。

5月19日

大気・風・雲

山にかかる雲の正体は？

🔍 ギモンをカイケツ！

笠雲とよばれる雲。

「笠」は、雨や日ざしをさけるためにかぶる、ぼうしのようなもののことじゃ

🔍 これがヒミツ！

①山が笠をかぶっているような雲

山の上にかかる雲は、まるで山が笠をかぶっているように見えることから、笠雲とよばれます。富士山の場合、20種類もの笠雲があることがわかっています。

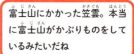
富士山にかかった笠雲。本当に富士山がかぶりものをしているみたいだね

②雲ができては消えてをくりかえす

強い風が山にぶつかると、山の両側や上の方の風の流れがかわります。空気がしめっていると、山にぶつかった空気がもち上げられて冷えることで雲ができ、山頂の風下側ではふたたび空気が下におりることで空気があたたまって雲が消えます。この原理で、山の上の方にだけ雲ができます。雲ができては消えるのをくりかえすことで、同じ場所に雲がとどまっているように見えます。

③天気の予測にも役立つ笠雲

「富士山が笠をかぶれば近いうちに雨」ということばがあります。実際、笠雲がかかったあと、24時間以内に雨になる確率は70〜75％といわれています。

アメダスって何？

ギモンをカイケツ！
自動で気象を調べる装置。

毎日の天気予報などに欠かせないしくみです

これがヒミツ！

①自動的に気象データを集める

天気予報などでよく、「アメダス」ということばが出てくることがあります。これは、アルファベットではAMeDASと書き、「自動的に気象のデータを集める装置」という意味の英語をちぢめたことばです。

②データは気象庁に送られる

これがアメダスの観測装置の例。置かれる装置の種類は場所によってちがうよ

アメダス観測所では、雨の量や気温、湿度、風向、風の強さなどが自動的に計測されています。そして、そのデータはアメダスセンターという場所から気象庁に送られ、天気予報などに役立てられます。

③全国に1300か所ある

アメダス観測所は、全国の約1300か所にあります。そのうち、雨の量だけをはかる観測所は約460か所です。雨の量をはかれる観測所は17kmごとに1か所、雨以外にもさまざまなことを調べられる観測所は、21kmごとに1か所あります。

5月21日

日本でいちばんたくさん雨がふるのはどこ？

💡 ギモンをカイケツ！

鹿児島県の屋久島。

世界自然遺産に登録されている島ね

🔍 これがヒミツ！

①毎日のように雨がふる島

日本でいちばん降水量（→327ページ）が多いのは、鹿児島県にある屋久島という島です。屋久島は世界自然遺産にも登録されています。屋久島では「1か月に35日雨がふる」といわれるくらい、雨がよくふります。

②降水量は東京の約3倍

屋久島では、1年間に4652mmもの雨がふります。東京の中心部の1年間の雨の量は1598mmなので、屋久島では約3倍の雨がふるということになります。

③雨のおかげで自然が美しい

屋久島は、雨がたくさんふることで、美しい自然が保たれています。たとえばこの島には、約600種類ものコケが生息していますが、梅雨の時期は、雨でコケがいっそう美しく見えます。

九州の南のはしから60kmあまりはなれた場所にある

屋久島

5月22日

大気・風・雲

やまぜってどんな風？

ギモンをカイケツ！

「山背」と書くことがあるけど、名前の由来ははっきりとはしていないんじゃ

夏に東北地方などでふく冷たくしめった北東の風。

これがヒミツ！

米づくりがさかんな東北地方では、やませ対策として、さまざまな工夫がされているぞ

①東北地方などでふく冷たくしめった北西の風

6月～8月ごろに、北海道、東北地方、関東地方などでふく北東の風のことを、やませといいます。この風は、冷たくてしめっているのが特徴です。

②やませは海水で冷やされた風

日本の東側には、親潮（千島海流）という冷たい海水の流れがあります（→148ページ）。そのため、東からふいてきた風は、海の上を通るときに冷やされます。この冷やされた風が、やませとして北海道、東北地方、関東地方の太平洋側にふきつけるのです。

③やませは農作物に害をもたらす

夏に、やませのような冷たい風がふきつけることによって農作物が被害を受けることを、冷害といいます。特に水田で育てられるイネにとっては、穂が出たり開花したりする大切な時期なので、やませはとても深刻な問題です。

167

5月23日 ふしぎな現象

竜巻がおこると どんな被害が出るの？

ギモンをカイケツ！
窓ガラスが割れたり、建物がたおれたりする。

日本ではそれほどひんぱんにはおこらないけれど、すごい破壊力をもっているんだ

これがヒミツ！

①竜巻の風は台風よりはるかに強い

竜巻は、大きさでいえば台風とはくらべものにならないほど小さいものですが、風のスピードは最大で秒速100mほどになることもあります。これは、ふつうの台風よりもはるかに強い風です。

②建物がたおれることもある

竜巻が発生すると、その強い風で大きな被害が出ます。たとえば、建物の窓ガラスが割れたり、植木ばちや自転車、看板などがふき上げられたりします。

③家がたおれることもある

強い竜巻になると、自動車やプレハブ小屋などでも、ふき飛ばされてしまうことがあります。また、街路樹や信号機、家などがたおれることもあります。さらに、たおれたりふき飛ばされたりしたものによって電線が切れることで、火事がおこることもあります。

台風よりもずっと強い風をもたらすことに注意しよう

5月24日 人・できごと

藤田哲也

どんな人？

竜巻の強さをはかる国際的な決まりをつくった。

日本で生まれて、のちにアメリカ国籍をとった人です

こんなスゴイ人！

被害をはかる基準として日本独自のもの（自動販売機や電柱など）を追加した「日本版改良藤田スケール」もあります

①世界共通のものさし

竜巻の強さをあらわすときには、「藤田スケール」とよばれるものさしが、世界各国で用いられます。これは、20世紀の日本生まれの気象学者、藤田哲也が考案したものです。

②被害状況から風速を推定できる

竜巻による風は、台風などとちがって、ふく範囲がせまいため、かならずしも風速計（→238ページ）ではかれるとはかぎりません。そこで、風によってもたらされた被害のようすから竜巻の強さを分類し、風速を推定するのが、藤田スケールです。

③強さは6段階

被害の度合いをはかる基準となるのは、住宅や自動車などです。たとえば自動車が道路からふき飛ばされるほどだったら、F0〜F5までの6段階のなかのF2に分類され、風速は50〜69m/s（約7秒間の平均風速）と推定されるという具合です。

5月25日

気候・季節

日本は世界のなかでは暑い方？ 寒い方？

ギモンをカイケツ！

「世界の暑い国ランキング」では、150か国中139位。

> 夏は毎日暑いけれど、世界全体でみればそれほど暑くはないぞ

これがヒミツ！

①もっとも暑いのはアフリカの2か国

「世界人口レビュー」というウェブサイトで発表された世界の暑い国ランキングによると、1991年から2020年の年間平均気温が世界で最も高い国はアフリカのマリとブルキナファソです。

> マリとブルキナファソは赤道の少し北に、となり合っているよ

②雨が少ない地域や赤道付近の島国が暑い

このランキングをみると、アフリカ西部の国々や赤道近くの海にある島国が上位に入っています。アフリカ西部は雨が少ないために、また赤道近くの島国はあたたかい海水の影響で、それぞれ暑くなりやすいのです。

③日本は139位

このランキングでは、日本は年間平均気温が139位となっています。日本は、世界のなかでも暑すぎず、寒すぎず、比較的住みやすい国のひとつといってよいかもしれません。

5月26日

暑い日に水をまくとすずしくなるのはなぜ？

ギモンをカイケツ！

水が蒸発するときに地面から熱をうばうから。

かんたんにできて効果が高いわ

これがヒミツ！

①水は蒸発するときに熱をうばう

水は、蒸発して水蒸気になるときに、まわりからたくさんの熱をうばう性質があります。このときにうばう熱を、気化熱といいます。

②２段階で地面を冷やす

地面につめたい水をまくと、まず、地面が冷やされます。そして、水が蒸発するときに地面から気化熱をうばうため、地面はさらに冷えます。そのため、暑い日に水をまくとすずしくなるのです。

朝や夕方は水が少しずつ蒸発するので、効果が長もちするんだ

③受けつがれてきた生活の知恵

このように地面に水をまくことを打ち水といい、暑い夏を快適にすごすために、昔から活用されてきた生活の知恵として知られています。朝や夕方に水をまくのも効果的といわれています。

5月27日

天気の予測

風船を使って気象観測ができるの？

ギモンをカイケツ！

大きな風船を使ってラジオゾンデという装置を打ち上げる。

天気にかかわらず毎日使われていますよ

これがヒミツ！

①風船でラジオゾンデを打ち上げる

高い場所の大気のようすなどを調べるときに、ラジオゾンデという小さな装置が使われます。このラジオゾンデを高い場所に上げるために、ゴムの気球（風船）が使われるのです。

②ラジオゾンデで上空の気温などを調べる

風船で打ち上げられたラジオゾンデは、約30kmの高さまでのぼりながら、上空の気圧、気温や湿度、風の向きと強さなどを調べます。得られた数字は、天気を予想したり、飛行機が飛ぶコースを決めたりするために使われています。

③全国の16か所から打ち上げられている

ラジオゾンデは、全国の16か所の決められた地点と南極の昭和基地から、毎日午前9時と午後9時に打ち上げられています。また、海洋気象観測船からも打ち上げられています。

人の手で空に向かって風船を上げることもあるよ

（気象庁提供）

5月28日

雨・雪・雷

日本でいちばん雨が少ない地域はどこ？

クイズ

① 量では北海道、日数では青森県。
② 量では沖縄県、日数では高知県。
③ 量では長野県、日数では岡山県。

量か日数かで、こたえがかわるわよ

➡ こたえ ③ 量の少なさでは長野県、日数の少なさでは岡山県がいちばん。

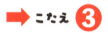 これがヒミツ！

岡山県は別名「晴れの国」ともいわれるわよ

①降水量が少ない長野県

日本でいちばん降水量が少ないのは長野県で、年間の降水量が1000mm以下です。長野県は海から遠くはなれているうえに、まわりを山にかこまれているため、台風、低気圧（→325ページ）、前線（→186ページ）などの影響を受けにくく、降水量が少ないようです。

②雨の日が少ないのは岡山県

降水量1mm未満の年間日数で見ると、岡山県が276.7日で最も多くなっています。つまり、岡山県は雨がふる日が最も少ないところです。岡山県は、日数だけではなく、降水量の少なさでも長野県につづいて全国第2位となっています。

③雨や雪が少ない岡山県の自然と気候

岡山県は、中国山地と四国山地にかこまれています。夏と冬に吹く季節風（→153ページ）は、これらの山地をこえるときに雨や雪をふらせてから、かわいた風となって岡山県にふきこみます。そのため岡山県は、年間を通して雨や雪が少ないのです。

173

5月29日

大気・風・雲

つむじ風ってどんな風？

5月

💡 ギモンをカイケツ！

晴れた日に発生するじん旋風。

運動会の日に、つむじ風でテントがたおれてけが人が出るなどの事故もあるので、注意が必要だぞ

🔍 これがヒミツ！

竜巻とは、発生のしくみがちがうんじゃ

①晴れた日に発生するうず巻き

つむじ風は、晴れた日に地表付近で発生するうず巻きです。正式名称はじん旋風といいます。

②地面からの上昇気流がつむじ風になる

晴れた日は、地面の温度が上がります。すると、あたためられた空気は軽くなって、上に向かう空気の流れ（上昇気流）が生まれます。風どうしがぶつかるなどしてできた地上のうずに、この上昇気流が重なると、つむじ風が発生します。つむじ風は寿命が短く、被害はそれほど出ません。

③竜巻は、つむじ風よりもはげしいうず巻き

つむじ風に似ているものに竜巻があります。竜巻は、背の高い積乱雲という雲（→226ページ）にともなう強い上向きの空気の流れによって発生する、はげしいうず巻きです。竜巻は、雲からろうと状の雲がたれ下がるのが特徴ですが、つむじ風にはありません。

5月30日

ふしぎな現象

竜巻ってどれくらいの大きさなの？

クイズ

❶ はば数 m ぐらい。
❷ はば数十〜数百 m ぐらい。
❸ はば数 km ぐらい。

> 大きさとしては、ひとつのまちのなかにおさまるくらいだよ

➡ こたえ ❷ はば数十〜数百 m ぐらいで、台風よりもはるかに小さい。

これがヒミツ！

> 予測がむずかしいからこそ、万が一にそなえて対応策を知っておくことが必要だね（→ 154 ページ）

①竜巻のはばは数十〜数百 m ほど

竜巻は、同じように強い風で大きな被害をもたらす台風にくらべて、はるかに小さいのが特徴です。台風のはばが数百 km もあるのに対して、竜巻は数十〜数百 m ほどのはばしかありません。

②竜巻はせまい範囲に大きな被害をもたらす

竜巻は台風よりも小さい一方で、風は台風よりも強くなることがあります。そのため、せまい範囲に大きな被害をもたらします。その範囲は、多くの場合は長さが数〜数十 km、はばが数十〜数百 m ほどです。

③竜巻は予測がむずかしい

竜巻は突然生まれるうえに、はやいものになると時速 90km ほどのスピードで移動します。そのため、竜巻の発生する場所や時間、進路などを予測することは、かんたんではありません。

5月31日 気候・季節

北海道には梅雨がないのはなぜ？

ギモンをカイケツ！

梅雨前線は北海道まで北上することは少ないから。

日本で最も北にある北海道だけ、特別なんじゃ

これがヒミツ！

これは梅雨前線が九州の南にある状態。ここからどんどん北へ移動していくよ

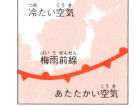

①空気のさかい目にできる前線

あたたかい空気と冷たい空気のさかい目は雲ができやすく、雨がふりやすくなります。このようなさかい目を、前線といいます（→186ページ）。

②梅雨前線は北に向かう

夏のはじめに、日本の南に「梅雨前線」という前線ができます。梅雨前線は、少しずつ北に移動しながら、日本各地に雨をふらせます。これが梅雨です。梅雨入り、梅雨明けが南からおとずれるのは、梅雨前線が南から北へと移動するためです。

③北海道の手前で消える梅雨前線

ところが、梅雨前線をつくっている冷たい空気は、だんだんと弱まります。そして、北海道に行くころにはすっかり弱まって、梅雨前線が消えてしまいます。そのため、北海道には梅雨がないのです。ただし、まれに梅雨前線が北海道まで行き、雨をふらせることがあります。これを蝦夷梅雨といいます。

6月1日

人・できごと

日本で最初の天気予報はどこで見ることができた？

クイズ
1. 市役所
2. 交番
3. 病院

最初の天気予報は、今とは発表の方法がちがっていました

→ こたえ ② ただし、全国すべての交番というわけではなかった。

これがヒミツ！

何だか、あいまいな予報ですね……

①記念すべき最初の予報の内容は？

1884（明治17）年6月1日の午前6時。日本ではじめての天気予報が発表されました。気になるその内容は「全国一般風の向きは定まりなし。天気は変わりやすし。ただし雨天がち」というものでした。

②テレビもラジオもまだなかった

わたしたちは現在、テレビでもラジオでもインターネットでも天気予報を知ることができますが、もちろん当時はどれもありません。新聞はすでにありましたが、印刷して配達されるまでに、当時の8時間先までの予報は意味をなさなくなってしまうため、掲載されていませんでした。

③東京の人以外は見られなかった

では、当時の人々はどうやって天気予報を知ったのでしょうか。それは掲示によってです。当時の天気予報は東京市（現在の東京23区）の交番への掲示によって発表されていたのです。

6月1日はなぜ気象記念日なの？

クイズ
1. 日本で最初の気象台ができた日だから。
2. 日本ではじめて気象観測がおこなわれた日だから。
3. 気象庁をつくった人の誕生日だから。

➡ こたえ ① はじめて天気予報が出された日でもあり、最初の気象台ができた日でもある。

みんなは知っていた？

これがヒミツ！

①80年以上前に定められた気象記念日

6月1日は、気象記念日です。この日が気象記念日と定められたのは、今から80年以上前。1942（昭和17）年のことでした。でも、いったいなぜ、この日が気象記念日とされたのでしょうか。

②日本初の気象台がおかれた日

それは、1875（明治8）年の6月1日に日本で最初の気象台（→319ページ）である東京気象台（現在の気象庁）ができたからです。場所は、現在の東京都港区虎ノ門二丁目でした。

③4日後には気象観測もはじまった

そして、この東京気象台による気象観測が実際にはじまったのは、4日後の6月5日のことでした。このときから現在まで、日本の気象観測の歴史はつづいているのです。

気象記念日には、各地の気象台などでイベントがおこなわれることもあるわ

6月3日 気象予報士ってどんな仕事？

天気の予測

ギモンをカイケツ！
個人や企業などに合わせた天気予報をする仕事。

テレビの天気予報などでも大活躍ですよね

これがヒミツ！

いろいろな人が天気予報を必要としているんですよ

①データをもとに天気を予報
気象予報士とは、主に気象庁が発表した気象に関するさまざまなデータをもとに、天気などを予想する仕事です。

②希望に合わせた予報もおこなう
気象予報士の仕事は、毎日の天気を予報することだけではありません。台風などの自然災害がおこりそうなときには、災害の予測などもおこなっています。また、気象庁とはべつに、企業や地域の希望に合わせて細かい天気予報をつくることもあります。

③商品を売る仕事などにも役立つ
商品の売れ行きは、天気によってかわってきます。そのため、最近は農業や漁業だけでなく、商品をつくったり売ったりする仕事にも、気象予報士による細かい予報が利用されるようになっています。

雨・雪・雷

ひょうってどんなもの？

❓クイズ

❶ いん石のかけらがふってきたもの。
❷ 大気中のちりがかたまりになって、ふってきたもの。
❸ 大きな氷のつぶが、とけずにふってきたもの。

> 雲のなかの氷は、雪としてふってくるだけじゃないのね

➡ こたえ ❸ ひょうは雨や雪と同じで、雲からふってくる。

🔍これがヒミツ！

①直径5mm以上の氷のつぶ

ときどき、急に空が暗くなって、積乱雲（→ 226ページ）から大きな氷のつぶがふってくることがあります。これが、ひょうです。ひょうは、直径5mm以上の大きさがあり、時速100km以上のスピードで空からふってきます。

これが実際のひょう。自動車に当たると、車体がへこむこともあるよ

②夏によく発生する積乱雲

夏は暑いのに、氷のつぶがふってくるのは、積乱雲が夏に発生しやすいからです。積乱雲は、地面の近くと上空の気温差が大きいときに発生しやすく、とくに5月〜7月ごろの初夏の季節は、ひょうができやすくなります。

③ひょうができるまで

積乱雲のなかでは、上へ下へと空気がぐるぐる動いているので、雲のなかの氷のつぶははげしくぶつかり合って、どんどん大きくなります。そして、ういていられないほど重くなると、ひょうとして地上にふってきます。

6月 5日

大気・風・雲

「大気の状態が不安定」ってどういうこと?

ギモンをカイケツ!

はげしい雨や雷をもたらす雲が発生することの前ぶれ。

不安定というのは、変化がおこりやすいということじゃ

このことばを聞いたら、備えを忘れずに

これがヒミツ!

①積乱雲が発生することをさす

天気予報などで耳にする「大気の状態が不安定」とは、上空と地上付近との間で空気に温度差が生じて、はげしい雨や雷をもたらす積乱雲(→ 226 ページ)が発生しやすい状態になっていることをさします。

②大気が不安定になる条件は主に3つ

大気の状態が不安定になる条件としては、「上空に冷たい空気が流れこむ」、「地上付近にあたたかくしめった空気が流れこむ」、「強い日ざしで地面があたためられる」の3つがあげられます。これらが重なると、空気が下から上へ動きやすく、積乱雲が発生するのです。

③局地的大雨や雷などがおこる可能性がある

大気の状態が不安定になると、積乱雲がさかんに発生しやすくなります。はげしい雨や雷、ひょう、突風などがおこる可能性があるため、天気予報などで「大気の状態が不安定」ということばを聞いたら、注意が必要です。

6月6日(むいか)

ふしぎな現象

竜巻はどのくらいの被害をもたらすの？

ギモンをカイケツ！
数百人もの命をうばうこともある。

実際に目にする機会は少ないかもしれないけれど、本当におそろしい災害なんだ

日本では被害が少ないからといって、油断はしないでね

これがヒミツ！

①最も多くの命をうばった竜巻
世界では、昔から巨大な竜巻が、しばしば大きな被害をもたらしてきました。なかでも、1925年にアメリカで約700人の命をうばった竜巻や、1989年にバングラデシュで発生し、約1300人の命をうばった竜巻などが、被害の大きな竜巻としてよく知られています。

②最も数が多かった竜巻
2011年4月25日〜28日には、アメリカ国内の広い範囲で300個以上の竜巻が確認され、約350人もの人がなくなりました。このときの竜巻の数は、24時間で確認された数としては、史上最多といわれています。

③アメリカでは1年間に50人以上が竜巻でなくなっている
竜巻による被害が多いことで知られるアメリカでは、一年間の竜巻による死者は平均で54.6人となっています。一方、日本ではアメリカほど大きな竜巻が発生することは少なく、一年間の死者は平均で0.58人となっています。

6月 7日

気候・季節

どうして梅雨の時期は雨の日が多いの？

ギモンをカイケツ！

雨をふらせる梅雨前線がやってくるから。

雲がたくさんできるのには、理由があるぞ

これがヒミツ！

①空気のさかい目では雨がふりやすい

あたたかい空気と冷たい空気のさかい目は雲ができやすく、雨がふりやすくなります。このようなさかい目を、前線といいます（→186ページ）。

②夏がくると梅雨前線ができる

夏のはじめに日本のすぐ南で、冷たい空気のかたまりであるオホーツク海気団と、あたたかい空気のかたまりである小笠原気団とがぶつかります。すると、そのさかい目に前線ができます。これを梅雨前線といいます。

③梅雨前線がくると梅雨に入る

夏に入ると、小笠原気団が強くなることで、梅雨前線が北側におしやられて日本の上にやってきます。そのため、夏のはじめの梅雨の時期になると、日本では雨の日が多くなるのです。

夏が近づくにつれて、南にあるあたたかい空気の方が勢力を増していくよ

6月 8日 天気と生活 2

雨の日はなぜ洗濯物がかわきにくいの？

💡 ギモンをカイケツ！

空気中に水蒸気が多く、水分が蒸発しにくくなるから。

本当は外に干したいところなのよね……

🔍 これがヒミツ！

扇風機などで部屋の空気をかきまぜると、少しかわきやすくなるわよ

①空気のなかにふくまれている水蒸気

空気のなかには、目に見えない水のつぶ（水蒸気）がふくまれています。そして、空気がどれくらいの量の水蒸気をふくむことができるかは、温度によって決まっています。

②空気にふくまれる水蒸気の割合が「湿度」

たとえば、気温が20℃のとき、1m³の空気がふくむことができる水蒸気の量は約17g、30℃のときは約30gになります。この上限に対して、実際にふくまれている水蒸気の割合を湿度といいます（→ 204ページ）。

③湿度が高いと洗濯物の水分が空気中ににげにくい

雨の日は、湿度が高い（空気中に水蒸気が多い）状態になっています。そのため、洗濯物にふくまれる水分が水蒸気になる蒸発がおこりにくくなります。すると、水分がいつまでも洗濯物に残ることになり、かわきにくくなるのです。

6月9日(ここのか)

天気の予測

前線って何？

ギモンをカイケツ！

あたたかい気団と冷たい気団がぶつかるさかい目。

天気予報などで、よく聞くことばですよね

これがヒミツ！

あたたかい気団と冷たい気団の位置関係は、このようになるよ

①あたたかい気団と冷たい気団のさかい目

広い範囲にわたって、気温やふくんでいる水蒸気の量がほぼ同じである空気のかたまりのことを気団といいます。そして、地上であたたかい気団と冷たい気団がぶつかっているさかい目のことを前線といいます。

②冷たい気団はあたたかい気団の下に

冷たい空気はあたたかい空気より重いので、冷たい気団が下になります。気団と気団のさかい目となる面が前線面、前線面が地上に接するところが前線です。

③寒冷前線や温暖前線などの種類がある

前線にはいくつか種類があります。冷たい気団のほうが強くて、あたたかい気団をおしているときのさかい目は寒冷前線、反対にあたたかい気団のほうが強くて、冷たい気団をおしているようなときのさかい目は温暖前線とよばれます。また、同じくらいの強さでおし合っているときのさかい目は停滞前線といいます。

6月10日(とおか)

人・できごと

中西敬房(なかにしたかふさ)

? どんな人?
日本初の気象学の本をあらわした。

みんなは聞いたことがない名前かもしれませんね

こんなスゴイ人!

①京都で書店を経営

中西敬房は、江戸時代に京都で書店をいとなんでいた人物です。ただし、ただの書店主ではありませんでした。数学や天文学にもくわしかったほか、日本初の気象学の本とされる『民用晴雨便覧』をあらわした人でもあるのです。

天気はいつの時代の人々にとっても、重要なものだったんですね

②天気の本でもあり占いの本でもある

『民用晴雨便覧』は、天気をめぐるさまざまな現象に関する説明と、それをもとにした占いが主な内容です。また、観天望気(→384ページ)による天気の予測にもふれられていました。

③現在の気象学にも通じる

この本では、天気について考えるうえでは、地形が重要であることがのべられています。これは、現在の気象学にも通じる、当時としては進んだ考え方といえます。

6月11日

雨・雪・雷

ひょうとあられって何がちがうの？

❓クイズ

❶大きさ
❷色
❸におい

> ひょうとあられ、くらべてみたことはある？

➡ こたえ ❶ どちらも氷だけれど、大きさがちがう。

> お菓子のあられの名前の由来は、空からふってくるあられなのよ

🔍これがヒミツ！

①ひょうよりあられの方が小さい

あられができる原理は、ひょうと同じです（→181ページ）。積乱雲（→226ページ）のなかで、氷のつぶがはげしくぶつかり合って成長したあと、空からふってきます。あられとひょうのちがいは大きさです。直径5mm以上はひょう、直径5mm未満はあられとよばれます。

②あられには2種類ある

あられには、「雪あられ」と「氷あられ」があります。雪あられは、白くて不透明な氷のつぶです。地面に当たるとはずんで割れることもあり、比較的かんたんにつぶれます。一方、氷あられは半透明な氷のつぶです。地面に当たるとはずみますが、かんたんにはつぶれません。

③小さくても危険なあられ

ひょうにくらべると、つぶは小さいものの、あられもたくさんふって地面に積もると、道路がすべりやすくなるなどの危険があります。

6月12日

大気・風・雲

暑さの原因になるフェーン現象って何？

🔍 ギモンをカイケツ！

風が山をこえるとき、風下で気温が高くなる現象。

> フェーンは、ヨーロッパのアルプス山脈のふもとにある地域の名前。日本ではあて字で「風炎」と書くこともあるぞ

🔎 これがヒミツ！

2000mの山をこえる場合、気温の変化はこうなるよ

①風が山をこえる前後で気温がかわる

風が斜面にそってふき下りるときに、下りた先で気温が高くなるのがフェーン現象で、極端な暑さをもたらすことがあります。

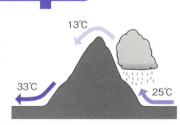

②のぼりは0.6℃下がり下りは1℃上がる

風上側の気温が25℃だとします。しめった風が高さ2000mの山をこえるとき、気温はふつう100mあたり0.6℃ほど下がるので、山の頂上では13℃になります。一方、斜面にそって山を下るときは、気温が100mあたり1℃上がります。そのため、山の頂上で13℃だった気温は、風下側の平地では33℃にもなります。

③湿度のちがいで気温の上下する割合がかわる

風上側は、空気にふくまれる水蒸気でできた雲が雨をふらせるため、風下側は湿度が下がります。このちがいにより、空気が山をのぼるときと下るときの、気温の上下する割合がかわるのです。

6月13日 ダウンバーストってどんなもの？

ふしぎな現象

ギモンをカイケツ！

積乱雲から下向きにふいて、地面にぶつかるはげしい風。

> 積乱雲ははげしい雨をふらせる雲だよ（→ 226ページ）

これがヒミツ！

> 空気がいろいろな方向にふき出すので、被害の範囲は竜巻より広くなる場合もあるよ

①積乱雲の氷が落ちて雨になる

積乱雲のなかには、たくさんの氷のつぶがあります。このつぶは、とけながら落ちていき、はげしい雨になります。

②積乱雲のなかに下降気流が生まれる

とけながら落ちていく冷たい氷のつぶは、まわりの空気を冷やします。冷えた空気は重くなるため、積乱雲のなかには下向きの空気の流れ（下降気流）が生まれることになります。

③強まった下降気流がダウンバーストになる

また、雨つぶが落ちるときには、まわりの空気もおされて、いっしょに落ちていきます。これによって下降気流がさらに強まり、地面に向かってはげしい風がふき下りて広がります。このはげしい風がダウンバーストです。ダウンバーストは、飛行機を墜落させたりすることもあります。

6月14日

気候・季節

梅雨はどうして「梅雨」というの？

ギモンをカイケツ！
いくつかの説がありはっきりしていない。

毎年のことなのに、名前の由来がわからないとは、驚きじゃ

これがヒミツ！

①梅の花の時期ではない

毎年、夏のはじめの6月から7月ごろの、雨やくもりの日がつづく時期が、梅雨です。でも、梅の花がさくのは1月〜3月ごろなのに、どうして「梅の雨」と書くのでしょうか。その理由には、いくつかの説があります。

実は、なぜ日本語では「つゆ」と読むかについても、いくつかの説があるんじゃ

②花ではなく実に注目

ひとつ目は、ちょうど梅の実が熟すころにあたるからというものです。そのような理由から生まれた「梅雨」ということばが中国から伝わり、日本ではこれに「つゆ」という読みがつけられた、とされます。

③名前の由来はカビ？

梅雨の時期は、食べ物などにカビ（黴）が生えやすい時期でもあります。そこから「黴雨」ということばができたものの、イメージがあまりよくないので、のちに読みが同じである「梅」の漢字にかわったという説もあります。

6月15日

ベンジャミン・フランクリン

❓ どんな人?

雷が電気であることを発見した。

雷が電気であることは、みんなも知っていますよね

こんなスゴイ人!

①お札にえがかれる有名人

ベンジャミン・フランクリンは、18世紀にアメリカで活躍した人物です。政治家として、アメリカではお札にえがかれるほどの有名人ですが、雷の正体を明らかにしたことでも知られています。

②たこを使った実験

雷の正体は電気ではないかと考えたフランクリンは、実験でそれを証明しようとしました。その方法とは、雷が発生しているときにたこをあげることです。たこ糸のはしには、金属製のかぎをむすびつけておきました。

③命がけの実験

フランクリンの考えたとおり、かぎに静電気をためる装置を近づけると、電気がたまったことを確認できました。こうしてフランクリンは、命がけで雷の正体を明らかにしたのです。

あぶないので、絶対にまねしてはいけませんよ!

6月16日

天気と生活 2

光化学スモッグってどんなもの？

💡 ギモンをカイケツ！

排気ガスなどに太陽の光が当たってできた空気のよごれ。

太陽の光が関係しているのね

🔍 これがヒミツ！

①煙や排気ガスから生まれる

工場から出る煙や自動車の排気ガスなどには、ちっ素酸化物や炭化水素といった物質がふくまれています。そして、これらの物質に太陽の光にふくまれる紫外線が当たると、光化学オキシダントという物質ができます。これが、光化学スモッグの正体です。

②目やのどが痛くなり息苦しくなる

光化学スモッグが発生すると、多くの人が目やのどの痛み、息苦しさなどを感じます。またひどいときには、気をうしなってしまうこともあるといいます。

③天気のよい夏の日に発生しやすい

光化学スモッグは主に夏、晴れて気温が高い日に、都市部で発生しやすいものです。日本では、空気が今よりよごれていた1970～1980年代に特によくおこっていましたが、東京付近などでは現在も、夏になると発生することがあります。

最近は、昔にくらべると減ってきたといわれているわ

6月17日

宇宙天気予報ってどんなもの？

ギモンをカイケツ！

天気予報は地球上だけではないことを知っていましたか？

太陽の活動によって地球におこる変化を予想する。

これがヒミツ！

意外と身近なところにかかわっているんですよ

①宇宙にも「天気」がある

宇宙には空気がありません。しかし、何もないわけではなく、電気をおびた小さなつぶが、たくさん飛びまわっています。そして、このつぶによって宇宙の環境はつねに変化しています。この宇宙の環境の変化を「宇宙天気」といい、宇宙天気を予想することを「宇宙天気予報」といいます。

②人工衛星などに影響

たとえば、太陽の表面でフレアという爆発がおこると、宇宙に光や多くのつぶがまきちらされ、人工衛星やGPSなどに影響をあたえることがあります。

③地上でも影響が出る

また、このつぶが地球上の送電（電線などで電気を送ること）のしくみに影響をおよぼすこともあります。このような被害をできるだけ少なくするために、宇宙天気予報は欠かせないのです。

6月18日 雨・雪・雷

雷はどうしておこるの？

❓ クイズ

❶ 雲のなかや雲と地面の間に電気が流れるから。
❷ 太陽のエネルギーが電気となって地面に伝わるから。
❸ 飛行機がもっている電気が地面に伝わるから。

➡ こたえ ❶ 雷の電気は、雲のなかで発生している。

雷の正体が電気であることは、聞いたことがあるかしら？

🔍 これがヒミツ！

雷の電気は、プラスとマイナスの間に流れるんだ

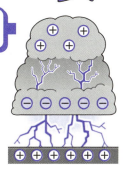

①積乱雲のなかで静電気が発生する

雷は、積乱雲（→ 226 ページ）のなかで生まれます。積乱雲のなかで、氷のつぶが動きまわってぶつかり合うと、静電気（もののなかにたまって動かない電気）が発生します。雷は、この静電気がもとになっておこります。

②雲のなかにプラスとマイナスの電気ができる

電気には、プラスとマイナスがあり、積乱雲のなかでは、上の方にプラスの電気、下の方にマイナスの電気がたまっていきます。そして、あまりにたくさんたまると、マイナスがたまった部分とプラスがたまった部分の間で電気が流れます。

③地面にプラスの電気がたまって落ちる

雲の下の方にたくさんのマイナスの電気がたまっているとき、さらにその下にある地面にはプラスの電気がたまっています。そして、雲が地面に近い低い位置にあると、雲と地面の間に電気が流れます。これが雷です。

6月19日

大気・風・雲

世界には どんな局地風があるの？

💡 ギモンをカイケツ！

ヨーロッパのシロッコや ミストラルなどが有名。

世界のいろいろな地域に、名前のついた風があるんじゃ

🔍 これがヒミツ！

シロッコは地中海をわたってくる間に、水分をふくむようになるよ

①「〇〇おろし」だけじゃない

局地風とは、地形などの影響を受けて、ある地域だけでふく風のことです。日本では「〇〇おろし」（→373ページ）などが有名ですが、局地風は世界のいろいろな場所でみられ、それぞれ名前がつけられています。

②あたたかくてしめったシロッコ

たとえばヨーロッパの場合、フランスやイタリアの地中海の沿岸部にふく、シロッコとよばれる南風があります。この風はアフリカのサハラ砂漠の方からふいてくるもので、あたたかくて湿度が高いのが特徴です。

③冷たく乾燥したミストラル

反対に、ヨーロッパの冷たい局地風としては、ミストラルが知られています。フランスの南東部で地中海に向かってふく北風で、非常に冷たく乾燥しています。

6月20日

ふしぎな現象

大雨がふると土砂災害がおこるのはどうして？

💡 ギモンをカイケツ！

土が水とまざってやわらかくなり流れ出すから。

自分のまわりに土砂災害のおそれがある場所はないか、知っておくことが大切だよ

🔍 これがヒミツ！

①土砂災害には種類がある

雨がたくさんふると土砂災害がおこりやすくなるのは、土にしみこんだ水に、土をやわらかくするはたらきがあるためです。主な土砂災害には、がけくずれ、土石流、地すべりなどがあります。

雨がやんだあとにおこることもあるので、気をつけよう

②急にくずれるがけくずれ、どろが流れ下る土石流

急ながけに水がしみこむと、土がやわらかくなって一気にくずれます。これががけくずれです。また山の土がくずれてどろのようになり、岩などといっしょに斜面を流れ下るのが、土石流です。

③斜面がすべり落ちる地すべり

一方、ゆるやかな斜面の地下に雨水が層のようにたまり、そのさかい目より上の土が広い範囲ですべり落ちることを、地すべりといいます。地すべりは、ゆっくりとすべり落ちることもあれば、一気にすべり落ちる場合もあります。

6月21日

五月晴れって どういうこと？

ギモンをカイケツ！

梅雨の時期の晴れ間のこと。

> 梅雨のさなかに晴れた日があると、何だかうれしくなるなあ

これがヒミツ！

> 5月に使ってもまちがいではないが、使い方に少し注意したいな

①梅雨の時期なのに「五月」晴れ

梅雨の時期に見られる晴れ間を、五月晴れということがあります。ただ、梅雨の時期はふつう6月から7月にかけてです。それなのになぜ五月晴れなのでしょうか。その理由には昔の暦（カレンダー）である旧暦が関係しています。

②月の満ち欠けをもとにした旧暦

旧暦は、150年ほど前まで日本で使われていた暦です。月の満ち欠けをもとに、新月（月が見えなくなるとき）と新月の間を1か月とするしくみで、太陽の動きをもとにしている現在の暦とは、ずれが生じます。

③梅雨の時期は旧暦では5月

旧暦の5月は、現在の暦でいえば6月ごろにあたります。そのため、6月の梅雨の時期に晴れることを今でも五月晴れというのです。ただし最近では、5月の晴れ間を五月晴れということもあります。

6月22日

天気と生活 2

熱中症をふせぐには どうすればいいの？

🔍 ギモンをカイケツ！

暑さをさけ、こまめに水分をとることが大切。

まずは体温を上げすぎないことね

🔎 これがヒミツ！

たくさん汗をかいたときは、スポーツドリンクを飲むのもいいわ

①体温を保てなくなっておこる熱中症

人間のからだには体温を一定に保つはたらきがありますが、気温が上がりすぎると体温を保つことができなくなって、体調をくずすことがあります。これが熱中症です（→ 215 ページ）。

②暑さをさけてからだを冷やす

熱中症をふせぐには、暑さをさけることが最も大切です。室内ではエアコンや扇風機など、屋外では日がさやぼうしなどを使いましょう。気温が非常に高いときは、外出をできるだけひかえることも重要です。また、氷や冷たいタオルなどでからだを冷やすことも、熱中症の予防に役立ちます。

③こまめに水分をとる

からだのなかの水分が減ると、体温を下げるはたらきをもつ汗（→ 244 ページ）が出にくくなります。そのため、水分をこまめにとることも、熱中症の予防につながります。

6月23日

天気の予測

気象大学校ってどんなところ？

💡 ギモンをカイケツ！

気象について勉強する学校。

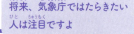
将来、気象庁ではたらきたい人は注目ですよ

🔍 これがヒミツ！

①気象庁ではたらく人を育てる

気象大学校とは、気象庁ではたらく人を育てる学校です。入学すると、学生でありながら気象庁の職員となり、給料をもらいながら勉強をすることになります。校舎は、千葉県柏市にあります。

②大学部と研修部がある

気象大学校には、ふつうの大学と同じように4年間勉強をする大学部と、気象庁ではたらいている職員が仕事をおぼえるための研修部があります。なお大学部の定員は合計60人（1学年あたり15人くらい）と決まっています。

③気象にかかわることを勉強する

大学部では、小学校でいう理科や算数、英語のようなふつうの勉強のほか、気象にかかわるさまざまなことがらを勉強します。大学部を卒業すると、全国にある気象台（→319ページ）などではたらきます。

ただし、勉強はかんたんではありませんよ

織田信長

? どんな人?

天気を利用して大軍に勝利した。

> 天気は戦国時代の戦いでも、重要な要素だったんです

こんなスゴイ人!

> この戦いに勝って、織田信長は全国的に知られるようになりました

①日本の歴史上の有名人

織田信長は、社会科の教科書にはかならず登場する、安土桃山時代の戦国大名です。現在の愛知県の一部をおさめる小規模な大名から、天下統一の目前までいきましたが、部下の裏切りにあって命を落としました。

②天気が信長の運命をかえた?

そんな織田信長の人生のなかで、天気が大きな役割をはたしたときがありました。それが1560年、現在の静岡県の一部をおさめていた大名、今川義元を桶狭間の戦いでやぶったときです。

③雨を利用した奇襲攻撃

この戦いに参加した軍勢の数は、織田側が今川側の10分の1ほどで、織田信長にとっては圧倒的に不利な状況だったといわれています。しかし、戦いのとちゅうで戦場にとつぜん大雨がふり、それを利用して奇襲攻撃をしかけることで勝利をおさめたといわれています。

6月25日

雨・雪・雷

雨のいろいろな名前はどう使い分けるの？

💡 ギモンをカイケツ！

ふり方や時期によって名前がかわる。

雨のよび方を決める要素はいろいろあるの

🔍 これがヒミツ！

①天気予報での雨のふり方の表現

日本には、雨を表現することばがたくさんあります。まず、1時間にふる雨量に合わせて、気象庁が決めたことばとして、「強い雨」「はげしい雨」「非常にはげしい雨」「猛烈な雨」などがあり、天気予報で使われます。

②ふる時期による名前もある

日本のほとんどの地域では、6月〜7月が梅雨となります。この時期の雨にも、さまざまな名前があります。梅雨入り前の長雨のことをあらわす「卯の花くたし」、梅雨明けごろにふる大雨である「送り梅雨」、梅雨が明けていったん晴れたあと、ふたたび来る梅雨のような天気をさす「もどり梅雨」などです。

③かわった名前もたくさんある

日本には、雨の名前が400種類以上あるといわれていて、なかにはかわったものもあります。みなさんもどんなものがあるか探してみましょう。

名前をいろいろ知って正しくよび分けられるようになりたいね

column 04

重要ワード 雨の名前

全部おぼえて完璧に使いこなすのはむずかしいかもしれないけれど、知っておくとちょっとじまんになる雨の名前を、いくつか紹介するよ

これだけでわかる！ 3POINT

❶ 日本語には、雨のよび方がたくさんある。

❷ その数は400種類以上ともいわれる。

❸ 名前はふり方や季節などによって使い分けられる。

小糠雨（こぬかあめ） 霧のような細かい雨のこと。「小糠」は、玄米を白米にするときに出る粉をさす。

篠突く雨（しのつくあめ） はげしい雨のこと。雨のふるようすが篠竹（細く、密集して生える種類の竹）のようだということから。

氷雨（ひさめ） もともとはひょうやあられのことをさすことばだが、冬にふる冷たい雨のことをいう場合もある。

時雨（しぐれ） 秋の終わりから冬のはじめにかけての時期の、ふったりやんだりする小雨のこと。

緑雨（りょくう） 新緑のころにふる雨のこと。

秋霖（しゅうりん） 秋のはじめに長くふりつづく雨のこと。

これだけ雨をあらわすことばが多いのは、やはり日本が雨が多いところだからかもしれんな

6月26日

大気・風・雲

湿度って何？

💡 ギモンをカイケツ！

空気のしめり具合のこと。

湿度は、湿度計という装置でチェックできるぞ

🔍 これがヒミツ！

①湿度は、空気のしめり気のこと

湿度とは、空気のしめり気のことです。わたしたちのまわりにある空気のなかには水蒸気（→ 285 ページ）がふくまれていて、空気のなかに水蒸気が多いと「空気がしめっている」といいます。

②限界まで水蒸気をふくんだ状態は湿度 100％

空気のなかにふくむことのできる水蒸気の量は気温によって決まっていて、限界まで水蒸気をふくんでいるときを湿度 100％、まったくふくんでいないときを湿度 0％といいます。ただし、ふつう空気のなかにはかならず水蒸気があり、自然のなかで湿度 0％の状態になることはありません。

湿度 100％の空気は、もうそれ以上、水蒸気をふくむことができない

湿度 50％　　湿度 100％

③雲は湿度 100％

湿度 100％のものでわかりやすいのは、空にうかぶ雲です。雲は、空気中にいられなくなった水や氷のつぶが集まったものだからです。

6月27日

人・できごと

リヒャルト・アスマン

？ どんな人？

正確にはかれる湿度計をつくった。

彼が考えた湿度計は、現在でも使われています

こんなスゴイ人！

①代表的な湿度計

湿度（→204ページ）をはかる装置である湿度計には、さまざまな種類があります。そのなかでも、正確な測定ができることで知られるアスマン式通風乾湿計をつくったのが、19～20世紀のドイツの気象学者、リヒャルト・アスマンです。

温度計で湿度をはかるなんて、何だかふしぎですね

②2種類の温度計を使う

アスマン式通風乾湿計は、ふつうの温度計と、しめらせたガーゼなどでおおった温度計がしめす温度の差から、湿度を求めるしくみです。

③気化熱を利用

ガーゼでおおった温度計は、気化熱（→171ページ）で温度が下がり、湿度にも関係します。そのため、しめす温度がふつうの温度計とどうちがうかを見ることで、湿度を求めることができるのです。

6月28日

ふしぎな現象

森が災害をふせぐといわれるのはなぜ？

🔍 ギモンをカイケツ！
水をたくわえたり土をつなぎとめたりするから。

> そばに森があれば、命を守ってくれるかもしれないよ

🔍 これがヒミツ！

> 水害も土砂災害もふせいでくれるんだね

①雨は洪水や土砂災害の原因になる

木がない場所では、土地がたくさんの水をたくわえられないため、ふった雨水は一気に川などに流れこみ、洪水などの原因となります。また、地面にしみこんだ水は土をやわらかくし、土砂災害を引きおこします（→197ページ）。

②森は水をたくわえ、土をつなぎとめる

一方、木がたくさん生えている森は、木がない場所より水をたくわえるはたらきが強いため、そのまわりでは洪水などがおこりにくくなります。さらに、水がしみこんでも地面の下にのびた木の根が土をつなぎとめるため、土砂災害もおこりにくくなります。

③木がない場所からは森の150倍の土が流れ出る

木がない場所に雨がふると、木がたくさん生えている森にくらべて約150倍もの量の土が流れ出るともいわれています。

6月29日 気候・季節

梅雨入りや梅雨明けはどうやってわかるの？

ギモンをカイケツ！
各地の気象台が判断している。

専門家の長年の経験が大きな役割をはたすぞ

これがヒミツ！

①気象台ごとに決めている

梅雨に入ることを梅雨入り、梅雨が終わることを梅雨明けといいます。毎年あるこのふたつがそれぞれいつなのかは、原則として梅雨がない北海道（→176ページ）をのぞく全国各地の気象台と気象庁の担当者が、長年の経験にもとづいて独自の判断で決めています。

9月に入ると、その年の梅雨入り・梅雨明けの最終確定の日付が発表されるんじゃ

②梅雨前線が日本にかかると梅雨入り

基本的には、あたたかい空気のかたまりである小笠原気団が強くなって、雨をふらせる梅雨前線（→184ページ）が日本の上にかかり、天気の悪い日がつづくようになると「梅雨入りしたとみられる」と判断します。

③梅雨前線が北に行ったら梅雨明け

そして、小笠原気団がさらに強くなって梅雨前線がもっと北に移動し、天気がいい日がつづくようになると「梅雨が明けたとみられる」と判断するのです。

6月30日

天気と生活 ②

暑い日に景色がゆらゆらすることがあるのはなぜ？

💡 ギモンをカイケツ！

温度がちがう空気の
さかい目で光が
折れ曲がるから。

> 光の性質によっておこる、ふしぎな現象のひとつね

🔍 これがヒミツ！

①光は空気のさかい目で折れ曲がる

光は空気のなかを通るとき、温度がちがう空気がとなり合っていると、そのさかい目で折れ曲がる性質をもっています。

②地面の上にできる空気のさかい目

暑い日には、地面の近くの空気は地面にあたためられて軽くなり、上に移動しようとします。すると、上にあるそれほどあたたかくない空気とのさかい目が、地面のすぐ上にできるのです。

③光が空気のさかい目を通るとゆれて見える

このとき、わたしたちが遠くを見ると、空気のさかい目で、遠くの景色からとどく光がさまざまな方向に折れ曲がり、景色がゆらゆらと見えるのです。このような現象を陽炎といいます。

> これが陽炎。見たことはないかな？

7月1日(ついたち) 天気の予測

どこまで「東日本」でどこから「西日本」なの？

ギモンをカイケツ！

東海地方と近畿地方の間で分かれる。

みなさんのすんでいる場所は、何日本ですか？

これがヒミツ！

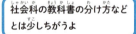

社会科の教科書の分け方などとは少しちがうよ

①ふくまれる地域はきちんと決められている

天気予報などでは「東日本」や「西日本」といったことばがよく使われます。実はこれらのことばは、ふくまれる都道府県や地域が、きちんと決められています。

②東日本は関東甲信と北陸、東海地方

東日本とは、関東甲信地方（関東の7都県と山梨県、長野県）と新潟県をふくめた北陸地方、それに東海地方をあわせた地域をさします。一方、西日本とは、近畿地方、中国地方、四国地方、鹿児島県の奄美群島をのぞいた九州地方からなる地域のことです。

③北日本は北海道と東北地方を合わせた地域

また、北日本という地域もあり、これは北海道と東北地方を合わせた地域をさします。つまり天気予報では、日本は北日本、東日本、西日本、沖縄・奄美の4つに大きく分けられることになります。

7月2日(ふつか)

雨・雪・雷

雷はどうしてジグザグに落ちるの?

❓ クイズ

❶ 電気が通りやすいところを選んで進むから。
❷ 電気にはジグザグに進む性質があるから。
❸ たくさん人がいる場所に引きよせられるから。

➡ こたえ ❶ 電気が通りやすいところを選んで進んだ結果、雷がジグザグに落ちる。

実は、まっすぐ落ちられない理由があるの

🔍 これがヒミツ!

①ふつうは空気は電気を通さない

落雷は、積乱雲(→226ページ)という雲の下の方のマイナスの電気がたまった部分と、プラスの電気がたまった地面との間を電気が流れることでおこります。ふつう、空気は電気を通さないのですが、雷の電気は強力なため、通ることができます。

②雷は通りやすいところを選んで進む

電気は、何もないところではまっすぐに進む性質があります。しかし、本来は電気を通さない空気のなかを通るときは、少しでも通りやすい場所(水分が多いところや空気がうすいところ)を選んで進みます。そのため、雷はまっすぐに進まずに、ジグザグに落ちるのです。

雷は、楽に通れるところを探しながら進むんだね

③ちりなどによって曲がることもある

また雷は、空気のなかをただよっている小さなちりなどにぶつかった場合も、進む方向をかえます。これも、ジグザグに進む理由のひとつです。

7月3日

大気・風・雲

積乱雲ってどれくらい大きくなるの？

ギモンをカイケツ！

高さ15km以上、はば数十kmまで発達することがある。

みんながふだん見ているものより、ずっと大きくなることがあるぞ

これがヒミツ！

①高さ15km以上まで成長することも

積乱雲（→226ページ）ができると、短い時間で急な大雨や雷、ひょうなどをもたらします。発達できる高さの限界は大気の状態によってかわりますが、高さ15km以上まで成長することもあります。

②巨大な積乱雲のかたまり、スーパーセル

成長した巨大な積乱雲のなかには、スーパーセルとよばれるものがあります。スーパーセルは、雲のはばが数十〜100kmにもなる積乱雲の大きなかたまりです。スーパーセルはふつうの積乱雲より寿命が長く、雷や大雨だけではなく、巨大なひょうをふらせることもある、とても危険な雲です。

③スーパーセルは竜巻を発生させる

スーパーセルは竜巻を発生させることも知られています。竜巻は、自動車や建物もふきとばすことがある危険な現象なので、注意が必要です。

これがスーパーセルをとらえた写真。はるかかなたまで、ずっとつづいているね

ふしぎな現象

7月4日

台風が多い地域の住まいはどんな工夫をしているの？

ギモンをカイケツ！

風をふせぐ林をもうけたり、屋根を低くしたりしている。

台風は毎年のようにやってくるから、住まいの工夫が欠かせないよ

これがヒミツ！

①台風のことを考えてつくられる沖縄県の家

台風は、強い風で大きな被害をもたらします。台風の接近が多い沖縄県は、昔からその被害になやまされてきました。そのため、沖縄県の家には、台風の被害をふせぐ工夫が多く見られます。

②風をふせぐ防風林

そのひとつが、家のまわりをかこむようにもうけられた防風林です。一般的に防風林には、しっかりと根をはるために風に強いフクギという木が使われます。この防風林が風の勢いを弱めたり、飛んでくる砂をふせいだりしてくれます。

③低い屋根が風を受け流す

また、屋根は四方に面がある寄棟というつくりで、しかも低くつくられることが多くなっています。そうすることで、どの方向からの風も受け流せるからです。さらに、屋根がわらは風で飛ばされないよう、しっくいという素材でかためられています。

寄棟屋根には、屋根が風を受ける面積を小さくできるという利点があるよ。

213

空梅雨はなぜあるの？

ギモンをカイケツ！

梅雨前線が日本の上にとどまらないことがあるから。

梅雨前線のようすは、毎年まったく同じではない

梅雨に雨がふらないと、あとでこまることになるぞ

これがヒミツ！

①梅雨なのに雨がふらない空梅雨

冷たい空気のかたまりであるオホーツク海気団と、あたたかい空気のかたまりである小笠原気団のさかい目にできた梅雨前線が日本に長雨をもたらすのが、梅雨です（→184ページ）。しかし年によっては、梅雨の時期になっても雨がほとんどふらないことがあります。これを空梅雨といいます。

②梅雨前線が北におしやられる

梅雨前線は、南側にある小笠原気団が強すぎると、日本の上にとどまることなく、どんどん北の方におしやられてしまいます。すると、すぐに夏がきてしまい、空梅雨になります。

③梅雨前線が日本までこない

反対に、北側のオホーツク海気団が強すぎて梅雨前線が南の方におしやられ、日本までやってこないまま消えてしまうため、空梅雨になる場合もあります。空梅雨になると雨があまりふらないので、その年の日本は水不足になりやすくなります。

天気と生活 2

熱中症ってどんな病気？

ギモンをカイケツ！
体温が上がってめまいなどがおこる病気。

だれでもかかる可能性があるわ

これがヒミツ！

熱中症対策については199ページを見てね

①からだは体温を保とうとする

人間のからだには、まわりが暑いときも寒いときも、つねに体温を36〜37℃ぐらいに保とうとするはたらきがそなわっています。

②汗をかくと体温が下がる

たとえば、暑いときに汗をかくのは、体温を下げようとするはたらきです。汗が蒸発するときにからだの熱をうばい、体温が下がります。反対に、寒いときにからだが勝手にふるえてしまうのは、筋肉を使って熱を生みだすことで、体温を上げようとするはたらきです。

③体温が上がりすぎると熱中症に

ところが、暑すぎると、体温の調節が追いつかなくなり、体温が高すぎる状態になります。これが熱中症です。熱中症になると、めまいやけいれん、頭痛など、さまざまな症状が出て、ひどいときには命を落とすこともあります。

7月7日

天気の予測

天気図にたくさん引いてある線は何？

ギモンをカイケツ！

気圧が同じである地点をむすんだ線。

考え方は、地図にえがかれる「等高線」と同じですよ

これがヒミツ！

①名前は等圧線

地球上では、気圧（空気がものをおす力）は場所によってことなり、そのちがいによって、天気の変化などがおこります。天気図（→362ページ）では、この気圧のちがいをあらわすために、気圧が同じである地点を線でむすんであらわしています。この線を等圧線といいます。

立体的にあらわすと、間がせまいところは、気圧のかたむきが急になるよ

② 4hPaごとにえがかれる

気圧はヘクトパスカル（hPa）という単位であらわされます。天気図では、等圧線は4hPaごとにえがかれていて、20hPaごとに太い線でえがかれます。また、2hPaごとに破線（切れ目が入った線）がえがかれることもあります。

③等圧線の間がせまいと風が強い

ふつう、風は気圧の高い方から低い方に向かってふきます。等圧線の間がせまい場所ほど、気圧の変化が大きいため、風は強くなります。

7月 8日(ようか)

人・でできごと

オットー・フォン・ゲーリケ

？ どんな人？

気圧の存在を実験でしめした。

> この人は政治家でもあって、マクデブルクというまちの市長もつとめました

こんなスゴイ人！

①気圧のすごさが見える実験

わたしたち人間が、まわりにある空気のおす力である気圧を感じることはありません。からだの内側から同じ強さでおし返しているからです。しかし17世紀のドイツの科学者、オットー・フォン・ゲーリケは、その感じることができない力を、実験によって人々にしめしました。

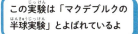

> この実験は「マクデブルクの半球実験」とよばれているよ

②馬の力でも、はなれない半球

ゲーリケは、銅でできたボウルのような形の半球を組み合わせて球体をつくると、ポンプを使って空気をぬき、なかを真空状態にしました。すると、何頭もの馬で両側から引っぱってもはなれないほど、半球どうしがぴったりくっつきました。

③原因は気圧

これは、気圧のためです。真空状態となった球体の内側からはおす力がはたらかないので、半球がまわりからの気圧によっておさえられ、ぴったりくっついたのです。

7月9日(ここのか)

雨・雪・雷

線状降水帯(せんじょうこうすいたい)って何(なに)？

ギモンをカイケツ！

積乱雲(せきらんうん)が次々(つぎつぎ)と発生(はっせい)して大雨(おおあめ)がふる、線状(せんじょう)の範囲(はんい)のこと。

ニュースなどでも、よく聞(き)く名前(なまえ)よね

これがヒミツ！

線状降水帯(せんじょうこうすいたい)の上(うえ)では、積乱雲(せきらんうん)が列(れつ)をつくっているんだ

①積乱雲(せきらんうん)が次々(つぎつぎ)と発達(はったつ)してできる

「線状降水帯(せんじょうこうすいたい)」とは、次々(つぎつぎ)と発生(はっせい)した積乱雲(せきらんうん)(→226ページ)が、同(おな)じような場所(ばしょ)を通過(つうか)したりとどまったりすることでできる、大雨(おおあめ)がふる範囲(はんい)のことです。雨(あめ)がふる範囲(はんい)が線(せん)のように細長(ほそなが)くのびているため、こうよばれます。

②大雨(おおあめ)が長時間(ちょうじかん)ふりつづける

積乱雲(せきらんうん)はふつう、数(すう)km〜十数(じゅうすう)kmの範囲(はんい)で、30分(ぷん)〜1時間(じかん)ほど雨(あめ)をふらせます。しかし、積乱雲(せきらんうん)がつらなっている線状降水帯(せんじょうこうすいたい)では、はば20〜50km、長(なが)さ50〜300kmほどの範囲(はんい)で大雨(おおあめ)が数時間(すうじかん)つづきます。

③大量(たいりょう)のあたたかくしめった空気(くうき)が必要(ひつよう)

線状降水帯(せんじょうこうすいたい)が発生(はっせい)するには、あたたかくしめった空気(くうき)が大量(たいりょう)に流(なが)れこみつづけることなど、いくつかの条件(じょうけん)があると考(かんが)えられます。ただ、そのくわしいしくみは、はっきりとはわかっていません。

7月10日(とおか)

大気・風・雲

UFOのような形の雲の正体は？

ギモンをカイケツ！

レンズ雲とよばれる山の風下にできる雲。

不思議な形の雲だが、ちゃんと名前がついているぞ

これがヒミツ！

①高い山の風下にあらわれるレンズ雲

UFOのような形の雲は、レンズ雲といい、高い山の風下にあらわれます。ふつうの雲は上空の風に乗って流されますが、レンズ雲はあまり動きません。

②上下にゆれる空気の波でできる雲

強い風が山にぶつかると、風下では上下にゆれる空気の波ができます。このとき空気がしめっていると、波の山の部分で上向きの空気の流れが生まれて雲が発生し、波の谷の部分で空気が下向きに流れて雲が消えます。空気の波が上下にゆれる場所はほぼかわらず、空気は入れかわっても同じ場所に雲がいすわります。

③見つけたら天気の変化に注意が必要

レンズ雲は、上空の空気がしめっているときに発生するため、見えたら天気が下り坂に向かうことが多いといわれています。またレンズ雲は、上空に強い風がふいているときにあらわれるので、登山などでも注意が必要です。

これが、富士山のそばにあらわれたレンズ雲のなかまの雲の写真だよ

7月11日 台風とハリケーンやサイクロンってどうちがうの？

ふしぎな現象

クイズ
❶ 生まれる場所がちがう。
❷ 生まれる季節がちがう。
❸ 生まれる時間帯がちがう。

➡ こたえ ❶ どれも台風のなかまだけれど、生まれた場所によってよび方がかわる。

名前がちがうだけで、正体は同じものだよ

これがヒミツ！

台風が生まれる場所の範囲は意外とせまいよ

❶北西太平洋や南シナ海で生まれる台風
低気圧のうち、あたたかい空気だけで生まれたものを「熱帯低気圧」といいます。そして北西太平洋や南シナ海などで生まれた熱帯低気圧のうち、風のはやさが秒速17m以上のものを、「台風」といいます。

❷アメリカの近くで生まれるハリケーン
一方、北大西洋やカリブ海などで生まれた熱帯低気圧のうち、風のはやさが秒速33m以上のものは「ハリケーン」とよばれます。

❸インドの近くで生まれるサイクロン
さらに、インド洋や南太平洋で生まれた熱帯低気圧のうち、風のはやさが秒速17m以上のものは「サイクロン」とよばれます。このように、台風の仲間は、生まれた場所によってよび名がちがうのです。

7月12日

気候・季節

梅雨になるとカビが生えやすいのはなぜ？

ギモンをカイケツ！
湿度や温度がカビにとってちょうどよいから。

カビも生き物だから、好みの天気があるぞ

これがヒミツ！

この時期は、食べ物はなるべく早めに食べきることじゃ

①空気中の胞子が食べものについて成長する
カビは、胞子という姿で空気中にたくさんただよっています。この胞子が食べ物につくと、食べ物の栄養分や水分をとり入れながら成長するのです。

②湿度が高いとカビは成長しやすい
空気には、水分が目に見えない水蒸気の形でふくまれています。空気中に水蒸気がどれくらいふくまれているかをしめす数値を湿度といいますが（→ 204ページ）、カビが成長するためには、ちょうどいい湿度と温度が必要です。それが、湿度はだいたい60〜100％、温度は25〜30℃くらいだといわれています。

③梅雨には湿度が高くなる
梅雨の時期には、雨がふりつづくために、湿度が60％をこえやすくなります。また、気温も春より上がって、25℃より高い日が多くなります。そのため、梅雨の時期にはほかの時期よりもカビが生えやすくなるのです。

7月13日

天気の予測

天気予報で聞く「ひまわり」って何?

ギモンをカイケツ!

気象などを調べる人工衛星の名前。

「太陽をイメージさせる名前」ということで、この名前がつけられたそうです

7月

これがヒミツ!

ひまわりは、地上から約3万6000kmの高さで、地球のまわりをまわっているよ

①ひまわりは気象衛星の名前

宇宙にうかんで、地球の気象について調べている人工衛星を「気象衛星」といいます。「ひまわり」は、日本が打ち上げた気象衛星の名前です。もともとは愛称でしたが、のちに正式名称になりました。

②地球の自転と同じスピードでまわる

ひまわりは、静止衛星とよばれる種類の人工衛星です。その特徴は、地球が自転(→397ページ)するのと同じスピードで、地球のまわりをまわることです。そのため、24時間365日、つねに地球上の同じ地域を観測しつづけることができます。

③日本のまわりの雲などを調べる

ひまわりは、つねに日本の方を向いて、可視光線(目に見える光)や赤外線(目に見えない光の一種)を使って雲などを調べ、その結果を電波で地上に送ってくれています。

7月14日

人・できごと

気象衛星ひまわりが最初に打ち上げられたのはいつ？

クイズ
1. 1977年
2. 1997年
3. 2017年

気象衛星を使った気象観測は、1970年代からおこなわれていたんです

こたえ ① 世界初の気象衛星の打ち上げから17年後のことだった。

これがヒミツ！

ひとつ前のひまわり8号も、9号の故障など、いざというときのためにすぐそばで待機しているよ

①アメリカから打ち上げ

気象衛星は、宇宙から地球の雲などのようすを調べる役割をもつ人工衛星です。日本で最初の気象衛星、ひまわり1号は1977（昭和52）年7月14日に、アメリカから打ち上げられました。

(気象庁提供)

②きっかけは台風による被害

ひまわり打ち上げの大きなきっかけになったのは、1959年に発生した伊勢湾台風（→293ページ）でした。この台風によって、約4700人もの人々のとうとい命がうばわれたことで、気象衛星を打ち上げて防災にいかそうという声が高まったのです。

③順番に仕事をバトンタッチ

ひまわり1号のあとには、数年おきに新しいひまわりが打ち上げられ、古いものから仕事をバトンタッチされるようになりました。現在は2016年に打ち上げられたひまわり9号が活躍しています。

7月15日 天気と生活2

夏バテはどうしておこるの？

ギモンをカイケツ！
からだの自律神経のはたらきが乱れるから。

みんなのまわりに夏バテしている人はいないかしら？

これがヒミツ！

夏バテ対策には、生活のリズムをととのえることが大切よ

①夏につかれやすくなる夏バテ

夏になると、つかれやすくなったり、食欲がなくなったりすることがあります。また、頭が痛くなったり、はき気がしたり、熱が出たりすることもあります。これが、夏バテです。

②からだの調子をととのえる自律神経

わたしたちのからだには、からだの調子をととのえる役割をもつ自律神経というしくみがあります。自律神経には、からだを活発にさせる交感神経と、からだを落ち着かせる副交感神経があります。

③夏は自律神経のバランスがくずれやすい

交感神経と副交感神経は、おたがいにバランスをとることで、からだの調子を保っています。ところが、まわりのようすの急な変化や心の変化などによって、このバランスがくずれることがあります。夏バテの場合は、急な温度の変化などが原因で、自律神経のバランスがくずれ、からだに不調がおこってしまうのです。

7月16日 雨・雪・雷

雷の光と音がずれるのはどうして？

❓クイズ

❶ 光が見えるのは目の錯覚だから。
❷ 光と音では発生するタイミングがちがうから。
❸ 光と音では伝わるスピードがちがうから。

> 光と音では、はやさがぜんぜんちがうのよ

➡ こたえ ❸ 伝わるスピードがちがうから、わたしたちが感じとれるタイミングがずれてしまう。

🔍これがヒミツ！

> 光と音の時間差が小さいときは、近くで雷が発生していることになるわ

①光は音の約90万倍はやく進む

音の正体は空気の振動で、1秒間で約340m進みます。一方、光は1秒間に約30万km進むことができます。つまり、光は音の約90万倍ものスピードで進んでいることになります。

②音の方がおくれてくる

実は雷の音と光は、ほぼ同時に発生しています。ところが、光の方が進むスピードがはやいので、光が先に、音はあとから伝わってくるのです。もし、ピカッと光ったすぐあとに音が聞こえたら、雷が近いところに落ちていることになります。

③雷までの距離を計算する

音のスピードがわかっていれば、雷までの距離を計算できます。まず、光ってから音が聞こえるまで何秒かを数えましょう。そして、340（m/秒）×音が聞こえるまでの時間（秒）を計算します。3秒だったときは、340（m/秒）×3（秒）＝1020（m）で、1kmもはなれていない場所で発生していることになります。

7月17日

大気・風・雲

入道雲ってどんな雲？

ギモンをカイケツ！
積乱雲や雄大積雲とよばれる雲。

「入道雲」は、あだ名みたいなものなんじゃ

これがヒミツ！

①入道雲の正式名称
もくもくと高さのある入道雲は、正式名称でいうと、積乱雲と雄大積雲ということになります。最初のすがたは、低い空で生まれる積雲という雲で、これが成長して雄大積雲となり、さらに成長すると積乱雲になります。

「入道」は、大入道という坊主頭の巨大な妖怪からきているという説があるぞ

②てっぺんの形はいろいろ
入道雲のてっぺんの部分の形には、いろいろなパターンがあります。てっぺんが丸くなっている入道雲もありますが、成長して大きな積乱雲になると、てっぺんが平たくなったり、髪の毛のようなすじ状の構造が見られるようになったりすることがあります。

③雷やひょうをもたらすことも
大きく成長しててっぺんの部分が広がった入道雲は、雷をおこしたり、ひょうをふらせたりすることがあります。

7月18日

ふしぎな現象

台風はどうして強くなったり弱くなったりするの？

💡 ギモンをカイケツ！

海水からの影響を受けるから。

台風は海水と深いかかわりをもっているんだ

🔍 これがヒミツ！

日本のそばを通るときには、だんだん弱まるのが基本だよ

①赤道近くの海からの水蒸気で強くなる

赤道近くのあたたかい海では、海水がつねに蒸発して水蒸気になっています。この水蒸気が上空で雲になるときには、たくさんの熱が出ます。台風はこの熱をエネルギーにして、どんどん強くなっていきます。

②水蒸気や熱を得にくい日本付近の海

台風は、動きながらエネルギーをどんどんうしなっていきます。あたたかい海では、それでもどんどん新しいエネルギーを得ることができますが、それほどあたたかくない日本付近の海では、水蒸気や熱をあまり得ることができません。

③日本付近の台風はエネルギーをうしなって弱くなる

そのため、日本付近にやってきた台風は、海から得られるエネルギーが少なくなって、熱帯低気圧やふつうの低気圧（温帯低気圧）にかわり、台風とはよばれなくなるのです。

7月19日

 人・できごと

藤原咲平（ふじわらさくへい）

❓ どんな人？

台風に関する「藤原の効果」を発見した。

うず巻きの研究者として有名な人物なんです

👤 こんなスゴイ人！

①台風におこるふしぎな現象

日本の気候は、台風の影響をぬきにして語ることはできません。そんな台風をめぐっては、「藤原の効果」とよばれる現象がおこる場合があることが知られています。藤原とは明治〜昭和時代の気象学者、藤原咲平のことです。

②台風どうしが影響し合う

「藤原の効果」とは、台風どうしが近づくと、おたがいに影響し合って、より複雑な動きをする現象のことです。結果としておこる動きには、「弱い方が強い方にとりこまれる」、「おたがいにまわる」など、いくつかのパターンがあります。

台風どうしが1000km以内に近づくと、「藤原の効果」がはたらくことがあるといわれています

③予測はとてもむずかしい

ただし「藤原の効果」はつねにはたらくというわけではないこともあり、台風どうしが近づいたときの進路の予測は、とてもむずかしいものになっています。

7月20日（はつか）

気候・季節

ヒートアイランド現象ってどんなもの？

クイズ

❶ 都市の気温が上がる現象。
❷ 島の気温が上がる現象。
❸ 高い山の気温が上がる現象。

➡ こたえ ❶ 都市の気温がほかの場所にくらべて高くなることをいう。

> 英語で「ヒート」は熱、「アイランド」は島という意味だぞ

これがヒミツ！

①都市の気温が高くなる現象

都市の気温は、まわりの場所よりも高くなることがあります。これを「ヒートアイランド現象」といいます。

②都市でない場所は気温が上がりにくい

都市でない場所には多くの木がはえていて、地面も土や草におおわれています。このような場所では、太陽の光が当たって水分が蒸発するときに熱がうばわれるため、気温の上昇がおさえられます。

③都市は気温を上げやすいものばかり

一方、都市では自動車やエアコンの室外機などから多くの熱が出ます。また、地面をおおっているアスファルトや建物の壁のコンクリートは、太陽の熱をたくわえてしまいます。そのため、ヒートアイランド現象がおこるのです。

> 地図上で気温によって色分けすると、こんな風に都市の部分だけがアイランド（島）のようになるんだ

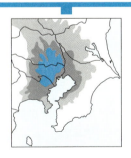

7月21日

うちわであおぐとすずしいのはなぜ？

ギモンをカイケツ！

からだのまわりの空気が入れかわるから。

扇風機の風にあたるとすずしくなるのも、同じよ

昔の人の知恵はすごいわね

これがヒミツ！

①からだの表面からは熱が出ている

わたしたちのからだの表面からはつねに熱が出ています。そのため、からだの表面にふれている空気は、すぐに体温に近い温度になります。この状態では、わたしたちはすずしいとは感じません。

②あたたかい空気がふき飛ばされる

そのようなとき、うちわなどであおぐと、からだの表面をおおっているあたたかい空気がふき飛ばされ、かわりに体温より温度が低い、べつの空気がやってきます。すると、からだの熱がまわりの空気に移動しやすくなり、すずしく感じるのです。

③汗も蒸発しやすくなる

また、汗は蒸発するときにまわりから熱をうばいます。これを気化熱といいます。うちわであおぐと、からだのまわりのしめった空気がふき飛ばされ、しめっていない空気と入れかわります。すると、汗が蒸発しやすくなり、気化熱がうばわれやすくなります。これも、うちわですずしくなる理由のひとつです。

7月22日

天気の予測

「未明」と「明け方」ってどうちがうの？

ギモンをカイケツ！
季節に関係なくさす時間帯が決まっている。

みなさんはねている時間でしょうか？

天気予報では、時間をあらわすことばにも注意してみてください

これがヒミツ！

①未明は午前0時から午前3時ごろまで
天気予報などでは、「未明」や「明け方」といったことばを聞くことがあります。このうち「未明」とは、午前0時から午前3時ごろまでをさすことばです。

②明け方はその次の時間帯
一方、天気予報の「明け方」とは午前3時ごろから午前6時ごろまでをさします。よく似たことばに「夜明け」や「早朝」があります。「夜明け」は日の出前の空がうす明るくなる時間、「早朝」は夜明けから約1〜2時間の時間帯をさします。日の出の時間は季節によってちがうため、「夜明け」や「早朝」がさす時間帯も、季節によってかわることになります。

③「夕方」も時間帯が決まっている
そのほかにも、天気予報に使われる時間をあらわすことばは、さしている時間帯がはっきりと決められています。たとえば「夕方」は午後3時ごろから午後6時ごろまでを、「夜のはじめごろ」は午後6時ごろから午後9時ごろまでをさします。

7月23日

雨・雪・雷

日本でいちばん雷が多いのはどこ？

❓ クイズ
1. 仙台市（宮城県）
2. 金沢市（石川県）
3. 名古屋市（愛知県）

➡ こたえ **2** 観測がおこなわれている場所のなかで最も多いのは金沢市。

雷の発生のようすは、地域によってちがうのよ

🔍 これがヒミツ！

①雷は目で確認する

全国各地の気象台（→319ページ）などでは、人間の目で雷を観測しています。1年間に雷を観測した日数の平年値（1991〜2020年の30年間の平均）をくらべると、いちばん多いのは金沢市で、45.1日です。

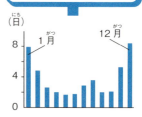

金沢市では、夏より冬の方がはるかに雷が多い

②日本海側は冬の雷が多い

金沢市をふくむ日本海沿岸では、冬も雷が多く観測されています。雷は積乱雲（→226ページ）という雲のなかで生まれます。冬の積乱雲は日本海で発生し、発達しながら北西の風によって日本海沿岸の地域にやってくるため、雷が多くなるのです。

③夏の雷が多い内陸部

一方、月ごとの雷を観測した日の合計の平年値をくらべると、夏は金沢市のような日本海沿岸の地域よりも、宇都宮市（栃木県）や岐阜市（岐阜県）のような内陸部で雷が多く発生しています。

7月24日 大気・風・雲

綿雲ってどんな雲？

ギモンをカイケツ！

晴れた日によくできる雲。

目にする機会がいちばん多い雲かもしれんな

これがヒミツ！

①ふわふわと綿のような見た目

綿雲は、ふわふわとした綿のような見た目の雲で、晴れた日によく見られます。正式名称は積雲といい、比較的低いところにできる雲のひとつです（→64ページ）。

これが綿雲。本当に、綿をちぎって空にうかべたみたい

②晴れた日にできる理由

晴れた日には太陽の光によって地面があたためられ、その熱で地面近くの空気があたためられます。あたためられた空気は軽くなって上空にのぼり、そのなかにふくまれていた水蒸気が、雲のもとになります。これが、積雲ができるしくみです。

③積乱雲に発達する場合もある

夏の日中には、地面がどんどんあたためられ、空気がどんどん上空にのぼっていくので、積雲が発達しやすくなります。どんどん大きくなって、やがてはげしい雨や雷の原因となる積乱雲（→226ページ）になることもあります。

7月25日 ふしぎな現象

台風の目って何？

ギモンをカイケツ！
台風のうずのまん中の雲の少ないところ。

台風が何かを見ているわけではないよ

これがヒミツ！

①強い風が中心に向かってふきこむ台風
台風では、まわりから中心に向かって強い風がふきこんでいます。この風が大きな雲のうずをつくり、強い雨をふらせます。さらに、ふきこんだ風は中心付近で勢いよくうずを巻きながら上がっていきます。このように上に向かう空気の流れを、上昇気流といいます。

これが台風の「目」だよ

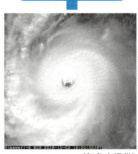

（気象庁提供）

②風が弱く天気がおだやかな台風の中心部
一方、中心付近のうずのなかでは、下に向かう風の流れが生まれます。このような空気の流れを下降気流といいます。下降気流が生まれている台風の中心部は、雨がふらず、風もあまりふいていません。

③台風の目の正体は、台風の中心部
天気がおだやかな台風の中心部は雲がないため、上空から見るとまるで目玉のように見えます。そのため、台風の目とよばれます。

7月26日

人・できごと

岡田武松

どんな人？

「台風」ということばを最初に使った。

明治時代の終わりごろの話です

こんなスゴイ人！

昔は「颱風」と書いていました

①台風はなぜ「台風」？

みなさんは台風のことをなぜ「台風」というのか、ふしぎに思ったことはないでしょうか。実はこのことばを最初に使ったのは、明治〜昭和時代の気象学者、岡田武松であるといわれています。

②英語に漢字を当てはめた？

もとになったのは英語の「タイフーン」ということば（国際的には、北太平洋で発生する熱帯低気圧をさす）で、これに似た音の漢字を当てはめたものだといわれています。

③いろいろな分野を研究

岡田武松は、このほかにも梅雨（→184ページ）のしくみの研究や、東北地方の農業に被害をもたらす「やませ」（→167ページ）の研究などで多くの業績を残しています。

7月27日

気候・季節

サマータイムって どんなもの？

ギモンをカイケツ！

夏の間だけ時刻を1時間進めること。

> 夏の昼の長さをいかすための方法なんじゃ

これがヒミツ！

①夏の間だけ時刻がかわる

サマータイムとは、ある国や地域の時刻を、夏の間だけ1時間早めることで、夏時間ともいいます。今から100年ほど前にヨーロッパではじまり、現在、世界の50か国以上でとり入れられています。

> 実は日本でも、1948（昭和23）年〜1951（昭和26）年の間だけ、おこなわれたことがあるぞ

②電気代の節約になる

夏は、日がしずむのが冬よりもおそくなります。そのため、時刻を1時間進めると、暗くなってからおこなっていた夕食や入浴などを、明るいうちにすませることになり、電気代の節約になるなどの利点があります。

③とり入れるのはかんたんではない

ただし、時計を利用するコンピューターのプログラムなどは、つくり直さなければならなくなるため、新たにとり入れるには多くの手間と費用がかかります。また、時刻がかわると生活リズムが乱れてしまうことも考えられます。

7月28日

植物があるとすずしくなるのはなぜ？

ギモンをカイケツ！

葉から水分が蒸発するとき、まわりの熱をうばうから。

温度が下がるしくみは、汗といっしょね

これがヒミツ！

都会でも、緑が多い公園などは、すずしく感じることがあるよ

①水は蒸発するときにまわりから熱をうばう

水は、蒸発して水蒸気になるとき、まわりから熱をうばう性質があります。このときにうばわれる熱を、気化熱といいます。

②植物は水を水蒸気にして外に出す

植物は、栄養分をつくる材料にするために、根から水をすい上げています。そして、よぶんな水は主に葉の裏にある気孔という穴から、水蒸気として空気中に出しています。このはたらきを蒸散といいます。

③蒸散によって気化熱をうばうためにすずしくなる

蒸散のときにも、まわりから気化熱がうばわれます。そのため、植物がある場所は、気温が少し下がるのです。また、広がった植物の葉には、日かげをつくるはたらきもあります。こうした理由から、夏に気温が高くなりやすい都市部では、植物を植えて暑さをやわらげるとりくみもおこなわれています。

7月29日

天気の予測

風の強さってどうやってはかるの？

ギモンをカイケツ！

まわるプロペラのはやさから計算する。

風の強さはスピードであらわせます

これがヒミツ！

プロペラつきの飛行機のようにも見えるね

①風を受けてまわるプロペラ

風の強さは、風速計という装置ではかります。風速計は、先にプロペラがついています、このプロペラは、風が強いほどはやくまわります。そこで、そのスピードを記録して、風の強さ（風速）をはかるのです。

②地上10m以上にとりつける

建物などの影響を受けると、風の強さを正確にはかれなくなるおそれがあります。そのため風速計は、平らな場所では10mの高さではかりますが、建物がある場合は屋上にとりつけられます。

③風の向きも知ることができる

また風速計は、尾翼（後ろにあるつばさ）によって、つねに風の方向を向くようにつくられています。そのため、風速計の向きによって、風の向きも知ることができるのです。

7月30日

雨・雪・雷

世界でいちばん雷が多い場所がある国は？

クイズ
1. エジプト
2. オランダ
3. ベネズエラ

世界には、日本よりもっと雷が多い場所があるのよ

➡ こたえ ③ ベネズエラにあるマラカイボ湖が、世界でいちばん雷が多い。

これがヒミツ！

マラカイボ湖は北に海があって、それ以外の3方向は山にかこまれているよ

①ギネスにも認定された雷の多さ

世界で最も雷が多い場所は、南アメリカのベネズエラという国にある、マラカイボ湖です。ここは「世界で最も稲妻が多い場所」として、ギネス世界記録にも認定されています。

②毎日のように雷が落ちる

マラカイボ湖では、1年365日のうち最大で300日は落雷があります。また、毎年1km²あたり200回以上、雷が発生します。2022年に日本で1km²あたりの落雷の数がいちばん多かったのは栃木県の7回なので、マラカイボ湖の落雷がどれくらい多いかがわかります。

③便利なこともある雷

実はマラカイボ湖のあたりには、生活するための電気が通っていません。そのため、ピカッと光って夜空を照らす稲妻は「マラカイボの灯台」とよばれ、深夜に湖を行く船にとっては助けになっているそうです。

239

7月31日 雲にいろいろな形があるのはどうして？

大気・風・雲

ギモンをカイケツ！

上空でふいている風によって雲の形がかわるから。

雲の形はすべてちがって、まったく同じものはけっしてないのだ

これがヒミツ！

風は、雲に大きな影響をあたえているぞ

①小さな水や氷のつぶで雲ができる

太陽の熱であたためられた地上の水は、目に見えない水蒸気になります。この水蒸気が空にのぼり、上空で冷やされると、小さな水のつぶや氷のつぶになります。雲は、この小さな水のつぶや氷のつぶがたくさん集まったものです。

②風によって雲の形が変わる

雲ができる上空では、風が上下左右、いろいろな方向にふいています。すると、雲はそれによって、いろいろな形にかわります。たとえば、上に向かって強くはやく風がふいているときは、もくもくとした雲ができます。

③雲があらわれたり消えたりするのも風のせい

雲ができたり消えたりするのも、上空の風によっておこる現象です。上向きに風がふいているところでは、どんどん雲ができます。逆に、下向きに風がふいているところでは、雲は消えてしまうのです。

8月1日 ふしぎな現象

台風の「大型」とか「非常に強い」ってどういう意味？

ギモンをカイケツ！

風が強くふく範囲の広さや風の強さをあらわす。

> 台風の大きさや強さのあらわし方を知っておけば、自分の身を守るのに役立つよ

これがヒミツ！

①台風には大きさと強さがある

天気予報などで台風の情報を見ていると「大型」や「非常に強い」といったことばが使われていることがあります。これらのことばは、台風の大きさやを強さをあらわしています。

半径500kmと800kmの範囲を東京中心で考えると、こんな感じ！

②「大きさ」は風が強い部分の半径

台風の大きさは、秒速15m以上の風がふいている範囲の半径で分けられます。半径が500km以上800km未満の台風が「大型（大きい）」、800km以上だと「超大型（非常に大きい）」になります。

③「強さ」は風の強さ

一方、台風の強さは、最大風速によって分けられています。最大風速が秒速33m以上44m未満の台風を「強い」、秒速44m以上〜54m未満の台風を「非常に強い」、秒速54m以上の台風を「猛烈な」と表現します。

8月 2日(ふつか)

気候・季節

夏はどうして暑いの？

ギモンをカイケツ！
太陽の光が高い位置から当たり、昼が長いから。

夏の暑さは、太陽によって生みだされているんじゃ

これがヒミツ！

①地球は2種類の回転をしている

地球は一日に1回、北極と南極を結ぶ軸を中心に、こまのように回転しています。これを自転といいます。また同時に、一年かかって太陽のまわりを1周してもいます。これを公転といいます。

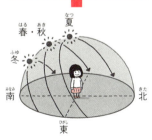

夏は太陽が高くまでのぼるから、冬よりも影が短くなるね

②季節によって太陽の高さがかわる

地球の自転の軸は、公転の面に直角な方向に対して、約23°かたむいています。そのため、日本では6月ごろに太陽の位置が最も高くなり、太陽が出ている時間が最も長くなります。

③夏は太陽が高く昼が長い

太陽の光は、太陽の位置が高くて、太陽が出ている時間が長いときほど、よりたくさん地面をあたためます。つまり、夏は冬にくらべて、太陽によってよりたくさんあたためられるから、暑くなるのです。

243

8月3日(みっか)

天気と生活

どうして暑いと汗が出るの？

ギモンをカイケツ！
体温を下げて一定に保とうとするから。

汗をかくことで、体温は下がるわよ

これがヒミツ！

①体温を保つために汗をかく

人間のからだには、体温を一定に保とうとするはたらきがあります。汗をかくのも、そのためのはたらきのひとつです。

汗をかくということは、健康のために必要なことなのね

②汗は蒸発するときに熱をうばう

水は蒸発するときに、まわりから熱をうばうはたらきがあります。この熱を気化熱といいます。汗をかくと、それが蒸発するときに皮ふの表面から気化熱をうばっていきます。すると、からだが少し冷えることになり、体温を一定に保つことができるのです。

③からだの水分が少ないと熱中症になる

しかし、からだのなかの水分が少ないと、汗があまり出なくなるため、体温を一定に保つのがむずかしくなります。すると、体温が上がりすぎて熱中症になることがあります（→215ページ）。

真夏日や猛暑日って何？

ギモンをカイケツ！

最高気温が30℃以上で真夏日、35℃以上で猛暑日。

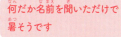

何だか名前を聞いただけで暑そうです

夏、真夏、猛暑の3種類があることをおぼえておいてくださいね

これがヒミツ！

①最高気温が異なる

夏になると、天気予報などで夏日や真夏日、猛暑日ということばを聞く機会が増えます。一日の最高気温が、夏日は25℃以上、真夏日は30℃以上、そして猛暑日は35℃以上の日のことです。

②猛暑日がだんだん増えている

日本の気温は年々高くなっていて、猛暑日の日数も増えています。たとえば、東京都千代田区の猛暑日の10年間の合計日数を見ると、1970年代は15日だったのが、2010年代には80日となり、5倍以上に増えました。これは、都市化と地球温暖化（→264ページ）が原因と考えられます。

③冬になると冬日や真冬日もある

一日の最低気温が0℃未満である「冬日」と最高気温が0℃未満である「真冬日」ということばもあります。北海道の札幌市は平年の冬日の日数が121.8日、真冬日の日数が43.6日ですが、東京は最近60年ほど真冬日がありません。

8月5日 人・できごと

ルイス・フライ・リチャードソン

？ どんな人？
世界ではじめて数値予報の実験をおこなった。

とてもたいへんな実験だったらしいです……

こんなスゴイ人！

6万4000人で計算するというアイデアは「リチャードソンの夢」といわれています

①数値予報への挑戦
数値予報は、現在おこなわれている天気予報の基本的な手法です。大気が今どんな状態かを調べ、これからどのような状態になるかを計算によって予測するというものです。19～20世紀のイギリスの科学者、ルイス・フライ・リチャードソンは、世界ではじめてこれを実際にやってみた人物です。

②結果は大失敗
リチャードソンがおこなったのは、数値予報によって6時間後の天気を予測する実験です。当時はまだコンピューターがないので、計算は1か月以上かけて手作業でおこなわれました。ところが、結果は大はずれに終わったのです。

③人数がたりなかった？
のちにリチャードソンは、「6万4000人が大きなホールに集まっていっせいに計算をすれば、実用的な数値予報ができるはずだ」とのべています。

雨・雪・雷

もし人間に雷が落ちたらどうなるの？

クイズ

❶ からだのはたらきが活発になり、健康になる。
❷ からだのいろいろなところがきずついてしまう。
❸ 特に何もおこらない。

→ こたえ ❷ からだに電気が流れることで、さまざまな害がある。

人間は、雷が落ちることで命を落としてしまう場合もあるのよ

雷が危険なものであることが、わかってもらえた？

これがヒミツ！

①人間のからだは電気を通しやすい

雷は、電気の流れです。実は人間のからだは、木などとくらべて、はるかに電気を通しやすい性質をもちます。そのため、人間に雷が落ちると、電気がからだの表面や内部を流れ、いろいろなところがきずついてしまいます。

②心臓が止まったり、やけどをおこしたりする

雷が落ちてなくなる事故は、強い電気がからだのなかを流れて心臓が止まった場合がほとんどです。命にかかわるかどうかは、からだのなかを流れる電気の量と時間で、ほぼ決まります。短時間で表面を流れ、からだのなかをきずつけるほどではなかったときは、やけどをすることがあります。

③飛びうつる電気にも注意が必要

雷が直接落ちるだけでなく、木から人、人から人のように、電気が飛びうつる場合もあります。特に、木の下で雨やどりをしていた人が、木から飛びうつった電気でなくなる事故が少なくありません。

8月7日

大気・風・雲

入道雲ってどのくらい大きいの？

ギモンをカイケツ！

最大で15km以上に達することもある。

遠くから見ているとわからないけれど、それくらい大きいのだ

これがヒミツ！

①入道雲は雄大積雲や積乱雲のこと

もくもくと高くのびる入道雲のはじまりは積雲とよばれる雲（→64ページ）です。低い空で生まれた積雲が成長すると雄大積雲になります。そして、さらに大雨や雷をもたらす積乱雲（→226ページ）になります。

②積乱雲の高さは10kmをこえる

積乱雲になるころには、雲の高さは10kmをこえています。大気の状態によって、発達できる高さの限界はかわりますが、高いときは15km以上になることもあります。

③限界をむかえると形がかわる

雲は、発達できる高さの限界をむかえると、それ以上は上に大きくなることができません。そのため、積乱雲も限界の高さまでくると、今度は上の部分が横に広がりはじめ、かなとこ雲とよばれる雲になります。

これがかなとこ雲。「かなとこ」は金属を加工するときに使う作業台のことだよ

8月8日

ふしぎな現象

これまでで最も大きかった台風と最も強かった台風は？

ギモンをカイケツ！

大きかったのは1997年の台風13号、強かったのは1979年の台風20号。

台風の大きさと強さの記録は21世紀に入ってからは更新されていないんだ

これがヒミツ！

40年以上前に、こんなにすごい台風がきたんだね

①台風には強風域と暴風域がある

ふつう、台風は中心に近い場所ほど、風が強くなっています。台風のまわりで、風速が秒速15m以上の範囲を強風域、秒速25m以上の範囲を暴風域といいます。

②強風域が最も大きかった台風

これまでで最も強風域が大きかった台風は、1997（平成9）年8月に発生した台風13号です。この台風は、日本の南の海にあったとき、強風域の南東側のはばが1600km、北西側のはばが800kmもありました。1600kmというと、東京から沖縄県の那覇市までの距離とほぼ同じです。

③最も強かった台風

一方、最も強かった台風は、1979（昭和54）年10月に発生した台風20号です。この台風は、台風の強さをあらわす目安となる中心部の気圧が870ヘクトパスカル（hPa）と世界の観測史上で最も低く、最大風速は秒速70mに達しました。

8月9日 気候・季節

冷夏って何？

ギモンをカイケツ！

気温が低い夏になること。

平成時代では1993(平成5)年が、記録的な冷夏として有名じゃな

これがヒミツ！

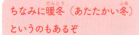

ちなみに暖冬（あたたかい冬）というのもあるぞ

①夏なのに気温が上がらない

7月や8月になっても気温が上がらず、すずしいままで終わってしまう夏を冷夏といいます。日本の冷夏には、主にふたつのパターンがあります。

②日本全体が冷夏になる場合

ひとつ目は、夏に日本をおおうはずのあたたかい空気のかたまり、小笠原気団が南の海上から動かず、日本にやってこないためにおこる冷夏です。このような冷夏の場合、日本全体がすずしくなるため、「全国低温型」とよばれます。

③北の方が冷夏になる場合

また、オホーツク海高気圧が強くなって、海からしめったすずしい風が入ると、主に北日本（北海道や東北地方）が冷夏になるパターンもあります。このような、北日本を中心にすずしくなる冷夏は「北冷西暑型」とよばれます。

8月10日(とおか)

天気と生活 2

太陽の光をあびると日焼けするのはなぜ？

ギモンをカイケツ！
皮ふに黒い色のもとができるから。

日焼けは実は、からだを守るためのしくみなのよ

これがヒミツ！

①太陽の光には紫外線がふくまれている
太陽の光には、さまざまな色の光がふくまれています。目に見えない光である紫外線も、そのひとつです。ところがこの紫外線には、わたしたちのからだをつくっている細胞というものをこわしたり、皮ふを傷つけたりするはたらきがあります。

②ヒリヒリや水ぶくれは紫外線が原因
太陽の光をあびつづけると、皮ふがヒリヒリしたり、ひどいときには水ぶくれができたりします。このような症状は、紫外線によって皮ふが傷つくためにおこります。

③皮ふを守るためにメラニンがふえる
一方、わたしたちの皮ふには、紫外線からからだを守るメラニンという黒っぽい色のもとがふくまれています。太陽の光をたくさんあびると、このメラニンが増えるため、からだは日焼けした状態になるのです。

メラニンが紫外線を吸収してくれるよ

8月11日 天気の予測

暑さ指数って何？

ギモンをカイケツ！
熱中症のなりやすさをしめす数字。

暑さ指数は、環境省のウェブサイトで確認できます

これがヒミツ！

①はじまりは21世紀になってから

暑さ指数とは、熱中症のなりやすさをしめす数字で、日本では環境省が2006（平成18）年から出しています。

②気温や湿度などからみちびき出す

暑さ指数は、主に気温と湿度、輻射熱（太陽や地面、建物などから受ける熱）によって決まります。乾球温度計（ふつうの温度計）や、特別な温度計である湿球温度計、黒球温度計を使って読みとった数字から計算します。

③28をこえると熱中症になりやすい

ふつう、暑さ指数が28をこえると熱中症の危険が急に高くなるといわれています。28をこえているときには、こまめに水分をとったり、はげしい運動をひかえたりして、熱中症にならないよう気をつける必要があります。

夏に外に遊びに行くときなどは、注意したいですね

8月12日

ガイ・スチュワート・カレンダー

? どんな人？

地球の気温の上昇と二酸化炭素の増加をむすびつけた。

> 当時はまだ地球温暖化のしくみがわかっていなかったんですね

こんなスゴイ人！

> 技術者であり、専門の科学者ではありませんでした

①地球温暖化と二酸化炭素の関係

二酸化炭素は温室効果ガス（→140ページ）のひとつであり、現在では地球温暖化（→264ページ）の大きな原因となっていることがわかっています。それを最初にしめしたのが、19～20世紀のイギリスの技術者、ガイ・スチュワート・カレンダーです。

②ふたつの変化をむすびつけた

カレンダーは、地球の平均気温と、大気にしめる二酸化炭素の割合というふたつの数値について変化のようすを調べました。そして、地球の平均気温は50年間で0.25℃上がっていて、その原因が二酸化炭素の増加であることを理論的にしめしました。

③危機感はまだなかった

ただし、当時はまだ地球温暖化が大きな問題とされるずっと前です。カレンダー自身は、この気温の上昇をむしろ望ましいものと考えていたといわれています。

8月13日

雨・雪・雷

「雷が鳴るとおへそをとられる」といわれるのはなぜ？

💡 ギモンをカイケツ！

おなかを冷やさせないため、などの説がある。

本当に信じている人はいないかな……

🔍 これがヒミツ！

子どもの健康や安全を守るための、昔の人の知恵かもしれないわね

①雷が鳴ってもおへそはとられない

「雷が鳴ると雷さまにおへそをとられる」、「雷が鳴ったらおへそをかくせ」といった言い伝えがありますが、もちろん実際にそのようなことはありません。このように言い伝えられてきた理由には、いくつかの説があります。

②「冷たい風からおなかを守るための注意」説

雷をもたらすのは積乱雲（→ 226 ページ）という雲です。この雲が近づいてくると、冷たい風がふきます。そのため、おなかを冷やさないよう子どもに注意するために、このような言い伝えが生まれたという考えがあります。

③「前かがみで雷が落ちないようにする」説

おへそをかくそうとすると、前かがみになり、からだが少し低くなります。雷は高いところに落ちるので、前かがみになると多少は落ちにくくなるかもしれません。だから、「雷が鳴ったらおへそをかくせ」といわれてきたという説もあります。

8月14日 大気・風・雲

雲ってどれくらいの高さにあるの?

? クイズ

❶ 約100m～約1000mまで。
❷ 約1000m～約5000mまで。
❸ 地面付近～約1万3000mまで。

➡ こたえ ❸ 雲は、地面付近～約1万3000mまで、いろいろな高さにある。

地上から見るとわかりにくいが、高さはけっこうばらばらなのだ

🔍 これがヒミツ!

①雲は種類によって高さがちがう

雲にはさまざまな種類があります。そして、雲はいつも同じ高さにあるわけではなく、種類によって高さがちがいます。

②上層と中層と下層にできる雲がある

雲ができる高さは、上層・中層・下層の3つに分けられます。上層は高度5000～1万3000mの高い空です。上層には巻雲、巻積雲、巻層雲の3種類の雲ができます。中層は高度2000～7000mの中くらいの高さの空です。ここには高積雲、高層雲、乱層雲の3種類の雲ができます。下層は高度2000m以下の低い空で、層積雲、層雲の2種類の雲ができます。

③上に向かって発達する雲が2種類ある

このほかにも、上に向かって発達する積雲と積乱雲という雲があります。大気が不安定な時に発生するかたまり状の雲で、下層にできますが、積雲は中層まで、積乱雲は上層まで高くなることがあります。

積乱雲は、3つの層にまたがってできるぞ

8月15日 人・できごと

新田次郎
（にったじろう）

❓ どんな人？

富士山の山頂に気象レーダーを設置した。

残念ながら、今は使われていません

🧍 こんなスゴイ人！

①レーダー建設工事の責任者

1964年から1999年まで、気象庁は富士山の山頂に気象レーダーを設置して、観測に利用していました。その建設に責任者としてかかわった当時の気象庁の職員が、新田次郎でした。

レーダーの設備は、現在は山梨県富士吉田市の富士山レーダードーム館で見られるよ

②苦労つづきの難工事

もちろん、標高3776mの富士山の山頂にレーダーを建設するのは、かんたんなことではありません。材料を山頂までヘリコプターで運ばなければならなかったり、工事にかかわる人たちが高山病（空気がうすい高い山の上でおこる、からだの不調）に苦しめられたりと、さまざまな苦労がありました。

③小説でも読むことができる

小説家としても活躍していた新田次郎（この名前は小説家としてのペンネーム）はのちに、このときの経験をもとに『富士山頂』という作品を書いています。

8月16日

ふしぎな現象

台風はなぜ動いているの？

ギモンをカイケツ！
まわりの風の影響を受けるから。

台風は自分では動けないよ

これがヒミツ！

①太平洋高気圧によって北に進む

日本の南の海には、中心からまわりに向かって時計まわりに風がふき出している太平洋高気圧（→138ページ）があります。赤道に近い海の上で生まれた台風は、貿易風で西に進んだあと、この太平洋高気圧をまわる風に乗って、北に進みます。

②偏西風によって西から東に進む

ところが日本の上空には、偏西風という強い西風がふいています（→146ページ）。そのため、日本付近までやってきた台風は、今度は西から東へと進むようになります。

③北に進んで消えていく

台風は、あたたかい海水によって勢いが強まりますが、冷たい海水の上では勢いが弱まります。そのため、日本付近を通って北に進んだ台風は、勢いが弱まって、やがて消えてしまいます。

台風とよばれるには条件があるので、それに当てはまらなくなったら台風ではなくなるんだ

8月17日

気候・季節

今まででいちばん暑かった日の気温はどれくらい？

クイズ

① 56.7℃
② 72.3℃
③ 86.2℃

ちょっと想像もつかない数字じゃな

➡ こたえ ① アメリカで記録された 56.7℃。

🔍 これがヒミツ！

デスバレーはアメリカのこのあたり。
国立公園になっている観光名所でもあるよ

①国内最高気温は 41.1℃

日本の 2024（令和 6）年までの最高気温は、41.1℃です。2018（平成 30）年 7 月 23 日に埼玉県の熊谷市で、2020（令和 2）年 8 月 17 日には静岡県の浜松市で記録されました。

②今もやぶられていない 56.7℃

しかし、世界には日本よりもはるかに高い最高気温を記録した場所がたくさんあります。なかでも、世界で最も高い気温を記録したのは、アメリカのカリフォルニア州にある、デスバレーとよばれる標高の低い砂漠です。ここでは 1913 年に 56.7℃を記録しました。この記録は、100 年以上たった今でもやぶられていません。

③おそろしい名前の由来

「デスバレー」は日本語でいえば「死の谷」。1849 年にこの場所にまよいこんだ人たちが、死ぬような思いで脱出したということからきているといいます。

8月 18日

熱帯夜ってどんな夜？

❓ クイズ

❶ 最高気温が 30℃以上だった日の夜。
❷ 最低気温が 25℃以上の夜。
❸ 翌日の予想最高気温が 30℃以上である夜。

➡ こたえ ❷ いちばん気温が下がっても25℃より低くはならない夜のこと。

最高気温ではなく、最低気温で決まるのよ

🔍 これがヒミツ！

① 天気予報などでよく聞く熱帯夜

夏の暑い日に天気予報を見ていて、「今夜は熱帯夜になりそうです」などといっているのを、聞いたことはないでしょうか。実は、ある夜が熱帯夜になるかどうかには、数字にもとづいた基準があります。

② 25℃以上の暑い夜

ふつう、気温は夜から明け方にかけて下がり、その間にその日の最低気温を記録します。ところが、暑い日には夜間でも最低気温が25℃を下まわらない場合があります。これが熱帯夜で、とても寝苦しくなります。

③ 30℃以上の暑い夜もある

最近は、夜間の最低気温が30℃以上になることもあります。気象庁は、このような夜の正式な呼び名を決めていませんが、2022（令和4）年には日本気象協会が超熱帯夜という名前をつけています。

最近は、熱帯夜が増えているわね

8月19日 熱中症警戒アラートってどんなもの？

天気の予測

ギモンをカイケツ！

熱中症に注意するよう国がよびかけるしくみ。

夏の暑い日には、みなさんにもチェックしてほしいです

これがヒミツ！

①危険な夏の暑さ

地球温暖化（→264ページ）やヒートアイランド現象（→229ページ）が大きな問題になっている現在、熱中症（→215ページ）を引きおこすきびしい夏の暑さは、わたしたちにとって危険なものともいえるようになってきています。

アラートが出たときは、しっかり対策をしましょう（→199ページ）

②環境省と気象庁が注意をよびかけ

そうしたなか、環境省と気象庁が人々に熱中症への注意をよびかけるしくみとしてつくられたのが、熱中症警戒アラートです。原則として都道府県ごとに、暑さ指数（→252ページ）が33以上になる地点があるときに発表されます。

③確認方法はいろいろ

熱中症警戒アラートの情報は環境省のウェブサイトやLINEの公式アカウントで見られるほか、登録すればメールで受けとることもできます。

8月20日(はつか)

雨・雪・雷

避雷針ってどんなもの？

ギモンをカイケツ！

雷の電気を地面ににがして建物を守るしくみ。

ビルなどの上に長い棒のようなものがついているのを見たことはない？

これがヒミツ！

①雷を落とすための針

避雷針は建物を雷から守るためのしくみで、名前のとおり、遠くから見ると針のような見た目をしています。ただし、針に雷が落ちるのを避けるのではなく、まわりに雷が落ちるのを避けるために、針に雷を落とすことを目的としています。

電気をにがす部品は、地中のかなり深くにあって、地上を歩いている人などに影響はないよ

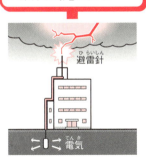

②電気は地中へにがす

避雷針は、電気を通しやすい金属でできています。下側は太い電線につながっていて、この電線の先には、地面のなかにうめられた金属の部品があります。そのため、針に雷が落ちれば、その電気を安全に地面ににがすことができるのです。

③新しい避雷針も登場

これが基本的なしくみですが、最近では、先の方に電気を集めることで、落雷そのものがおこらないようにする、新しい避雷針も登場しています。

8月21日

大気・風・雲

雲はどうして白いの？

ギモンをカイケツ！

雲をつくる水や氷のつぶによって光の乱反射がおこるから。

かぎをにぎっているのは、太陽の光じゃ

これがヒミツ！

たくさんの水や氷のつぶがあるので、光がいろいろな方向にはねかえされるよ

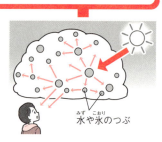
水や氷のつぶ

①はねかえった光で、ものを見る

わたしたちは、明るいところでしか、ものが見えません。なぜなら人間は、ものに当たってはねかえった光が目に入ってきたとき、その情報によって、ものが見えると認識しているからです。

②雲のなかでは乱反射がおこっている

雲も光をはねかえしています。雲は、上空で冷やされた水蒸気が、小さな水や氷のつぶになって集まったものです。たくさんの水や氷のつぶがあるので、光を同じ方向だけではなく、さまざまな方向にはねかえしています。これを乱反射といいます。乱反射は、ものを白く見せるはたらきがあるので、雲は白く見えます。

③雪も乱反射をおこす

雪が白く見えるのも、同じ理由です。たくさんの透明な氷のつぶが、あちこちに光をはねかえすことで、雪は白く見えるのです。

8月22日

ふしぎな現象

どうして台風は7月〜9月に多いの？

ギモンをカイケツ！

台風が多く生まれ、太平洋高気圧の風に乗って移動するから。

台風は、時期によって通り道をかえるんだ

これがヒミツ！

①7月〜9月には台風が多く生まれる

7月〜9月に多くの台風がやってくるのには、主にふたつの理由があります。ひとつ目の理由は、地球の北半分が夏であるこの時期には海の温度が高くなるため、多くの台風が生まれるということです。

②春や秋には西にずれる

月ごとの台風の平均的な進路を図にあらわすと、このようになるよ

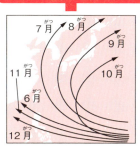

ふたつ目の理由は、この時期は台風が日本にやってきやすいルートを通るということです。春や秋の台風は、赤道に近い場所で生まれますが、その付近には強い東風がふいているため、西の方にずれていきます。

③7月〜9月には太平洋高気圧の風に乗って日本にくる

一方、7月〜9月には台風はより日本に近い場所で生まれます。この付近には、風が時計まわりにふき出している太平洋高気圧（→138ページ）があります。そのため、台風はこの太平洋高気圧をまわる風に乗って日本付近にやってくるのです。

8月23日 気候・季節

地球温暖化ってどういうこと？

ギモンをカイケツ！
地球の平均気温が上がること。

今は、地球全体があたたかくなりつつある時代なんじゃ

これがヒミツ！

温室効果ガスが増えると、それまではにげていた熱がにげにくくなるんだね

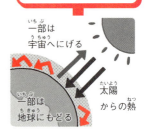

①にげる熱・もどってくる熱
地球は太陽の光によってあたためられますが、その熱は、昼も夜も宇宙へとにげていきます。ただし、地球の大気には熱をたくわえるはたらきをもつ温室効果ガス（→140ページ）がふくまれていて、熱の一部をふたたび地球にもどす役割をはたしています。

②地球がどんどん暑くなる
ただし温室効果ガスが増えると、地球にもどってくる熱が増えすぎて、地球全体の平均気温が上がっていくようになります。これを地球温暖化といいます。

③気温が大きく上昇するかもしれない
今、地球温暖化はどんどん進んでいるといわれていて、世界中で大きな問題となっています。今のままでは、21世紀の終わりには19世紀後半（1850～1900年）とくらべて平均気温が最大で5.7℃上がるともいわれています。

8月24日

人・できごと

スヴァンテ・アレニウス

❓ どんな人？

19世紀に、地球温暖化がおこることを予想した。

まるで未来を予知していたかのようです

👆 こんなスゴイ人！

① 120年以上前におこなわれた予想

現在、地球温暖化（→264ページ）が地球の環境問題のなかでもとくに深刻なものとなっています。実は今から120年以上前の19世紀末に、すでにそのことを予想していた人物がいました。それがスウェーデンの科学者、スヴァンテ・アレニウスです。

この計算結果は、大きくちがうとはいえないかもしれませんね

②影響を具体的に計算

しかもアレニウスは、二酸化炭素が増えると地球の平均気温がどれくらい変化するか、具体的な計算もおこなっています。その結果は、二酸化炭素が2倍になれば4℃、4倍になれば8℃、気温が上昇するというものでした。

③予想は、はずれた？

当時アレニウスは、二酸化炭素が当時の2倍になるのに3000年かかるだろうと考えていました。ところが実際には21世紀中、つまりアレニウスの予想から約200年で2倍を達成するのではないかといわれています。

8月25日 天気と生活

一日のうちでいちばん暑い時間、寒い時間はいつ？

ギモンをカイケツ！

暑いのは午後2時ごろ、寒いのは日がのぼる前。

暑い時間と寒い時間を知っておくと、役に立つかもね

これがヒミツ！

①もっとも暑いのは午後2時ごろ

ふつう、一日のうちで最も暑くなるのは、午後2時ごろです。太陽が最も高くなるのは昼の12時ごろなのに、なぜ暑い時間は2時間ずれているのでしょうか。それは、気温が上がるしくみと関係があります。

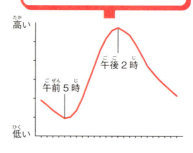

一日の気温の変化のようすをグラフにすると、このようになるよ

②空気があたたまるまで時間がかかる

太陽の光は、まず地面をあたためます。それから、あたたまった地面の熱が空気に伝わって気温が上がるのですが、空気はすぐにあたたまりません。そのため、最も暑くなる時間は、地面が最もあたたまる時間よりややおそくなるのです。

③最も寒くなるのは日の出前

一方、最も寒いのは日の出前です。昼の間にあたたまった空気が夜の間に少しずつ冷えていき、太陽が出る前に最も寒くなるのです。

8月26日

「たいふういっか」ってどういうこと？

ギモンをカイケツ！
台風が過ぎ去ったあとに天気がよくなること。

台風が行ってしまうと、青空が広がることは多いですよね

これがヒミツ！

①台風のあとのよい天気が「たいふういっか」
台風が過ぎ去ったあとは、空が晴れわたり、よい天気になることがあります。これを台風一過といいます。

「台風一家」とまちがえないでくださいね

②上から下に向かう空気の流れにおおわれる
台風は、巨大な低気圧です。低気圧では、まわりから中心に向かって風がふきこみ、下から上に向かう空気の流れがおこります。そしてそのまわりでは、上から下に向かう空気の流れがおこります。台風が過ぎ去ったあとは、この上から下に向かう空気の流れにおおわれます。

③上から下への空気の流れがあると雲が発生しにくい
雨や雪をふらせる雲は、下から上に向かう空気の流れによって空にのぼった水蒸気でできています。一方、上から下に向かって空気が流れるときは雲が発生しにくいので晴れるのです。また、台風が過ぎ去ると、高気圧がやってきてカラッと乾燥した空気になることが多くあります。

8月27日

 雨・雪・雷

火山の噴火でおこる雷ってどんなもの？

ギモンをカイケツ！

岩と岩がぶつかって生まれた電気でおこる雷。

噴火と雷が同時におこるなんて……おそろしいわね

日本は火山の多い国だから、火山雷もいろいろな場所で発生しているのよ

これがヒミツ！

①ふき飛ばされた岩がぶつかり合う

噴火がおこると、火山からふき飛ばされた岩のかたまりである「噴石」が、分裂したりぶつかり合ったりします。このとき、小さい噴石にはマイナスの電気、大きい噴石にはプラスの電気が生まれるといわれています。

②大小の噴石の間で電気が流れる

火山が噴火するときに、強い上向きの空気の流れが生まれます。すると、マイナスの電気をもつ小さくて軽い噴石や火山灰は上の方に、プラスの電気をもつ重くて大きい噴石は下の方に集まります。すると、プラスがたまった部分とマイナスがたまった部分の間に電気が流れ、雷が発生します。これが「火山雷」です。

③火山雷は日本でも観測されている

日本は火山の多い国で、今も活動しているものもたくさんあります。鹿児島県の桜島や北海道の有珠山、伊豆諸島の三宅島などでは、噴火がおこったときにたびたび火山雷が観測されています。

8月28日

天気の予測

気象予報士にはどうしたらなれるの？

ギモンをカイケツ！

むずかしい試験に合格する必要がある。

だれでもなれるわけじゃないんです

これがヒミツ！

小学生でも合格するのは夢じゃないですよ！

①気象予報士には国家試験がある

天気予報や災害に関する予報などをつくる気象予報士は、もちろん気象についてくわしくなければなりません。そのため、気象予報士になるには、国家試験（国がおこなっている試験）に合格する必要があります。

②100人のうち合格する人は4〜6人

試験を受けるための特別な資格はありませんが、大学などで、気象について専門的に勉強した人が受験することが多いようです。試験は、100人が受けたらそのうち4〜6人ほどしか合格できないくらい、むずかしい内容です。

③11歳で合格した人もいる

これまでの合格者のなかで、最も若い人は11歳でした。また、70歳代の人が合格したこともあるそうです。なお8月28日は、1994（平成6）年に最初の気象予報士国家試験がおこなわれた日で、日本では「気象予報士の日」とされています。

8月29日

気候・季節

地球温暖化を止めるにはどうすればいいの？

ギモンをカイケツ！
人間が出す二酸化炭素の量を減らすことなどが必要。

みんなの行動によって未来がかわるかもしれないぞ

これがヒミツ！

①人間のくらしから出る温室効果ガス
地球温暖化（→264ページ）の原因となる温室効果ガス（→140ページ）は、主に人間によって増加しています。人間が出す温室効果ガスの80%近くをしめている二酸化炭素は、ものを燃やすことなどで発生します。

たとえば、わたしたちが毎日使う電気の多くは、化石燃料を燃やすことでつくられているんじゃ

②温室効果ガスを特に増やす化石燃料
なかでも、温室効果ガスが増える最も大きな原因となっているのが、石油や石炭、天然ガスといった、地下からほり出される化石燃料です。化石燃料を燃やすと、地下に閉じこめられていた二酸化炭素が空気中に出ることになるのです。

③使う化石燃料の量を減らすことが大切
今、地球温暖化は、世界中で進んでいます。これを止めるためには、使う化石燃料の量を減らすことが必要だといわれています。

8月30日

人・できごと

チャールズ・デビッド・キーリング

❓ どんな人？

地球に二酸化炭素が増えていることを証明した。

理論だけでなく、実際に調べることも大切なんです

観測はハワイにある高さ4170mの山、マウナロアでおこなわれました

🧑 こんなスゴイ人！

①はじめて実際に調べてみた

二酸化炭素は、地球温暖化（→264ページ）の原因である温室効果ガス（→140ページ）のひとつです。二酸化炭素が地球の平均気温の上昇にかかわっていることは、20世紀の前半には知られていたものの、実際にどれくらい増えているのかは、長い間わかっていませんでした。それを、はじめて観測によって明らかにしたのが、20～21世紀のアメリカの科学者、チャールズ・デビッド・キーリングです。

②観測の舞台はハワイ島

キーリングは1958年から長期間にわたって、ハワイ島で大気中における二酸化炭素の割合の観測をおこないました。その結果、二酸化炭素の割合はどんどん高まりつづけていることがわかったのです。

③グラフに名前を残す

この功績から現在では、大気中における二酸化炭素の割合の増加をしめすグラフのことを「キーリング曲線」とよんでいます。

8月31日

雲と煙はどうちがうの？

ギモンをカイケツ！

雲は水や氷、煙は主に炭素のつぶでできている。

雲と煙は、まったくちがうものだぞ

これがヒミツ！

酸素がじゅうぶんにある状態で燃えることを完全燃焼、その反対を不完全燃焼というんじゃ

①雲の正体は水や氷のつぶ

太陽の熱であたためられた地上の水は、目に見えない水蒸気になり、空にのぼります。そして、水蒸気が上空で冷やされると、小さな水や氷のつぶになります。雲は、この小さな水や氷のつぶが集まったものです。

②煙の正体は炭素のつぶ

煙は、ものを燃やしたときに出ます。じゅうぶんに温度が高く酸素がたっぷりあると、燃やしたものは水と二酸化炭素にかわります。ところが、酸素がたりなかったり温度が少し低かったりすると、二酸化炭素にかわることができず、小さな炭素のつぶが生じます。煙の主な正体は、この炭素のつぶなどです。

③空気の流れで煙が上に流れる

炭素のつぶは空気より重いので、ふつう上へのぼっていくことはできません。しかし、火のそばでは空気が熱くなり、上に向かう空気の流れが生まれます。小さな炭素のつぶが、この空気の流れに乗るので、煙は上へと上がっていきます。

9月1日

ふしぎな現象

台風の東側と西側、風が強いのはどっち？

❓ クイズ

❶ 東側。
❷ 西側。
❸ どちらも同じ。

➡ こたえ ❶ 台風が進む向きと風の向きが重なる東側の方が風が強い。

> 自分が台風の東側にいるときは、より注意が必要なんだ

🔍 これがヒミツ！

①台風の風は1秒間に15〜50m進む

台風の風は、反時計まわりにうずをまきながら、中心に向かってふきこんでいます。そのため、台風の西側では北よりの風が、東側では南よりの風がふいています。その風のはやさは、秒速15〜50mくらいです。

> 地球の北半分では、台風に向かって風が反時計まわりにふきこむよ

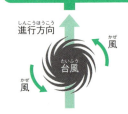

②台風は1秒間に6〜14m進む

台風は基本的に、南から北に向かって進みます。そのスピードは、台風によってことなりますが、だいたい時速20〜50kmくらいです。これは秒速6〜14mにあたります。

③東側では風のはやさと進むはやさが重なる

台風の西側では、台風の進むスピードと風のスピードが打ち消し合うので、風が弱くなります。一方、台風の東側では、台風の進む向きと風の向きが重なります。そのため、風がより強くなるのです。

9月2日(ふつか)

天気と生活 2

日焼け止めで日焼けをふせげるのはなぜ？

ギモンをカイケツ！

紫外線をはねかえしたり吸収したりするから。

夏に外に出るときは欠かせないものね

これがヒミツ！

①紫外線をあびると日焼けがおこる

太陽の光には、からだを傷つけることがある、紫外線という光がふくまれています。そのため、太陽の光をたくさんあびると、紫外線からからだを守るメラニンという黒っぽい色のもとが皮ふのなかに増えて、日焼けがおこります（→ 251 ページ）。

効果が高いものは皮ふへの負担が大きい場合もあるわ

②日焼け止めは紫外線をはねかえしたり吸収したりする

日焼け止めには、太陽の光にふくまれる紫外線をはねかえしたり、吸収したりするはたらきがあります。そのため、日焼け止めをぬると、紫外線が皮ふに当たらなくなり、メラニンが増えないので、日焼けをしなくなるのです。

③効果は数字や記号でわかる

日焼け止めには、効果の目安が数字や記号などで書かれています。SPF という目安の場合は数字が大きいほど、PA という目安の場合は＋の記号が多いほど、日焼けしにくくなります。

9月 3日 雨・雪・雷

雷のエネルギーは
どのくらい？

💡 ギモンをカイケツ！

1回の雷で家庭で使う電気を2か月まかなえるくらい。

何だかもったいないような気もするわね

🔍 これがヒミツ！

①雷のエネルギー量は約15億Jある

エネルギーの量をあらわすには、ジュール（J）という単位を使います。雷のエネルギーは、1回あたりの落雷で約15億Jといわれています。ちなみに1Jは100gのものを1mもち上げられるくらいのエネルギーです。

将来、利用できるようになることを期待したいわ

②一般家庭で使う電気の2か月分

もう少しわかりやすく、一般家庭の1か月の消費電力（炊飯器や洗濯機、掃除機などを動かすために必要な電気エネルギーの量）とくらべてみると、落雷1回のエネルギーは、一般家庭で2か月で使う電気エネルギーと同じくらいです。

③強力なエネルギーだが利用はできない

これだけ大きなエネルギーを有効活用できればよいのですが、どこに落ちるかわからないこと、エネルギーと熱を受け止められる装置が必要となることなどから、今のところはまだむずかしいと考えられています。

大気・風・雲

ビル風ってどんな風？

ギモンをカイケツ！
高いビルがある場所でふく強い風。

人々をなやませることもある風じゃ

これがヒミツ！

①都市ならではの風

都市の中心部などの、高いビルがたくさん建っている場所では、ほかの場所にくらべて強い風がふくことがあります。これをビル風といいます。

②風と風が合流する

ビルにぶつかった風は左右に分かれ、ビルをまわりこむようにしてふきます。すると、そこにふいてきた風と合流して、より強い風が生まれます。これが、ビル風がふくしくみの代表的なパターンのひとつです。

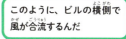
このように、ビルの横側で風が合流するんだ

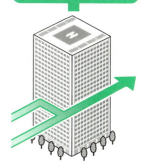

③ビル風への対策

はげしいビル風は、歩くときにさまたげになるなど、日常的にそこで生活する人々にとって、大きな問題となります。そのためビル街では、木を植えて風のスピードをおさえるなどの対策がおこなわれている場合もあります。

9月5日(いつか)

ふしぎな現象

台風はどうしてうずを巻いているの？

💡 ギモンをカイケツ！

地球の自転によって風が右へ曲がっていくから。

地球がまわっているから、台風はうずまきになるんだ

🔍 これがヒミツ！

このような、回転するものの上を移動するときにはたらく見かけ上の力を、コリオリの力というよ

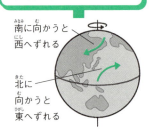

南に向かうと西へずれる
北に向かうと東へずれる

①北極から赤道に向かう飛行機は西にずれる

地球の自転のスピードは、赤道上では1時間に約1700kmです。そのため、たとえば飛行機が北極から赤道上の島に向かって1時間後に着くように飛ぶと、到着するときには西に約1700kmずれてしまいます。

②赤道から北に向かうものは東にずれる

飛行機の例でわかるとおり、北半球では自転の中心（北極）から外側（赤道）に向かってものが移動するときには、西に向かってずれます。反対に、外側（赤道）から中心（北極）に向かってものが移動するときには、東に向かってずれます。

③風のずれで台風はうずをまく

これと同じ理由で、地球の北半分では南から北にふく風は東よりにずれ、北から南にふく風は西よりにずれます。そのため、台風にふきこむ風は反時計まわりにうずをまくのです。

9月 6日

ガスパール・ギュスターヴ・コリオリ

❓ どんな人？
台風などのうずの秘密を解明した。

> ただし、台風の研究をしたわけではないんです

👤 こんなスゴイ人！

①台風などのうずをつくる力

台風がうずまきになる原因となる力のことを、コリオリの力（→ 278 ページ）といいますが、これは 18 〜 19 世紀のフランスの学者、ガスパール・ギュスターヴ・コリオリの名前からきています。

> たとえば、コリオリの力は天文学にも使われますね

②さまざまな分野に応用

コリオリの力は、かんたんにいうと、回転するものの上を移動するときにはたらく見かけ上の力です。コリオリは主に物理学や機械工学の分野の研究をしていた人物ですが、彼が明らかにした内容は、今もさまざまな分野の研究にいかされるものとなっています。

③フランスを代表する科学者

コリオリは、パリにある有名なエッフェル塔に名前がきざまれている、72 人のフランスの科学者のひとりでもあります。

9月 7日 小春日和ってどういうこと？

気候・季節

ギモンをカイケツ！
秋の終わりから冬のはじめにかけてのあたたかい天気。

春に使うことばではないから、まちがえるでないぞ

これがヒミツ！

①高気圧と低気圧が交代でやってくる
秋の終わりから冬のはじめにかけての時期は、上空をふいている偏西風（→ 146 ページ）にのって、高気圧と低気圧（→ 325 ページ）が交代でやってきます。

②秋にふく冷たい木枯らし
低気圧が日本を通りすぎたときには、冷たい北風がふきこんで、気温が下がります。このときふく強い北風を「木枯らし」といいます（→ 349 ページ）。

③秋に春がきたかのよう
一方、低気圧が遠ざかって高気圧がやってきたときには、天気がよくなって気温が上がります。このときに風が弱まると、まるで春がきたかのようなあたたかさになります。これが小春日和です。ちなみに英語にも、同じ状況をあらわす「インディアンサマー」ということばがあります。

「小春」は昔の暦（→ 53 ページ）の 10 月の別名なんじゃ

9月8日（ようか）

天気と生活 2

「遠くの音が聞こえたら雨」といわれるのはなぜ？

ギモンをカイケツ！
低気圧が近づくと遠くの音が聞こえやすくなるから。

音で天気が予想できちゃったら、すごい！

これがヒミツ！

あたたかい空気と冷たい空気の位置関係によって、音の曲がり方がかわるよ

①音の聞こえ方がちがう日
ふだんは聞こえない、遠くを走る列車などの音が今日はなぜか聞こえた、という経験はないでしょうか。そのようなときは、天気が悪くなるかもしれません。

②音は折れ曲がる
音には、温度がちがう空気のさかい目を通るときに折れ曲がる性質があります。たとえば、低いところにあたたかい空気、上空に冷たい空気があるときは、音は上に向かって曲がっていきます。

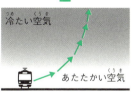
冷たい空気／あたたかい空気

③音が遠くまでとどく条件
一方、雨をもたらす低気圧が近づくと、低いところに冷たい空気、上空にあたたかい空気がある状態になります。このようなときは、音が地面に向かって下に曲がり、遠くまでとどくのです。

あたたかい空気／冷たい空気

9月9日(ここのか) 天気の予測

天気の予測に使われた「天気管」ってどんなもの？

ギモンをカイケツ！

気温などによって容器のなかの液体のようすが変化する。

今は天気を予測する道具としては使われていませんね

これがヒミツ！

①航海のときに使われた

天気管は今から200年ほど前、19世紀はじめのヨーロッパで、航海の際に天気を予測するために使われていた道具です。ストームグラスなどの名前でよばれることもあります。

②さまざまな薬品を利用

見た目は透明なガラスの容器で、なかにはアルコールに何種類かの薬品をとかしたものが入っています。気温や気圧の変化によって、液体の透明度がかわったり、容器内に結晶ができたりし、それをもとに天気を予測できるとされました。

結晶ができたときは、このようになるよ

③当たるかどうかはわからない

ただ、それで本当に天気を予測できるかは、科学的には証明されていません。現在は、ときどき見た目がかわる、ふしぎなインテリアとしてあつかわれている場合が多いようです。

9月10日

雨・雪・雷

大きな雨つぶって どんな形をしているの?

❓ クイズ

1. てっぺんがとがった、しずくの形。
2. まんじゅうのような形。
3. まん丸。

➡ こたえ ❷ 空気の力で、まんじゅうのような形になる。

> みんなが想像している形とはぜんぜんちがうのよ

🔍 これがヒミツ!

①雨つぶはどんどん大きくなる

空から落ちてくる雨つぶには、さまざまな大きさのものがあります。これらの雨つぶは、落ちてくる間にたがいにぶつかり合ってくっつき、どんどん大きくなります。

②空気におされる雨つぶ

大きくなった雨つぶは落ちるとき、空気にぶつかっておされます。これを空気抵抗といいます。空気抵抗で、雨つぶのまわりには、図のような空気の流れが生まれます。

> 下から空気におされるので、下側がつぶれてしまうよ

空気抵抗

③おされてつぶれてまんじゅうのようになる

「雨つぶは、てっぺんがとがったしずくの形」というイメージをもっている人が多いかもしれません。しかし、空気抵抗があるので、雨つぶのてっぺんはとがることができません。実際は、下のほうが平たくつぶれた、ちょうどまんじゅうのような形になります。

9月11日 大気・風・雲

湯気と雲はどうちがうの？

💡 ギモンをカイケツ！

どちらも水蒸気が冷やされてできた、同じもの。

> 実はみんなの家の食卓でも、雲は生まれているということだぞ

🔍 これがヒミツ！

> 水蒸気は目に見えないけれど、湯気は見えるんじゃ

①水には3つの形がある

水には、3つの形があります。ひとつ目はふつうの水、ふたつ目は氷、3つ目は水蒸気です。水と氷は目で見ることができますが、水蒸気は見ることができません。しかし水蒸気は、わたしたちのまわりにある空気のなかにもたくさんふくまれています。

②水蒸気が冷やされてできる湯気

水をあたためると、やがて水蒸気が出ていきます。ずっとあたたかい状態であれば、目に見えない水蒸気のままでいられるのですが、急に冷やされると、水蒸気は目に見える水の状態にもどってしまいます。これが湯気の正体です。

③雲も水蒸気が冷やされてできる

太陽の熱であたためられた地上の水は、水蒸気になって空にのぼります。この水蒸気が上空で冷やされ、小さな水や氷のつぶになって集まったものが雲です。つまり、湯気も雲も水蒸気が冷やされてできているので、ふたつは同じものといえます。

column 05 【重要ワード】水蒸気

これだけでわかる！ 3POINT

水や氷は、いろいろな場所に存在するけれど、実はわたしたちのまわりにある空気のなかにも、目には見えない形でふくまれている。それが水蒸気という状態じゃ

❶ 水には液体、固体、気体の3つの状態がある。

❷ 水蒸気は、気体の状態の水のこと。

❸ 水と氷は目に見えるが、水蒸気は見えない。

水が3つのうちのどの状態で存在するかは、温度によってかわるのよ

湯気は目に見えるので、水蒸気ではありません。小さな水のつぶなんです。

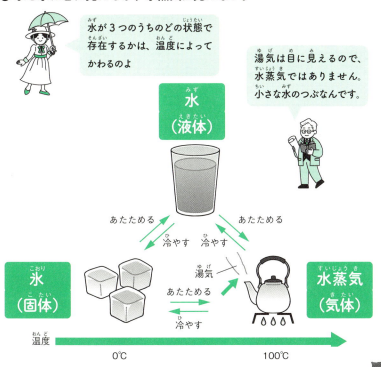

9月12日

ふしぎな現象

どうして沖縄県は台風が多いの？

ギモンをカイケツ！

沖縄県の場所が台風の通り道にあたるから。

沖縄県では、毎年のように台風による被害が出ているんだ

これがヒミツ！

ちなみに上陸数の2位は高知県の26個、3位は和歌山県の25個だよ

①台風は沖縄県の近くで向きをかえる

台風は、南の海を北に進み、日本に近づくにつれて東の方に向きをかえます。この向きをかえる場所は、ちょうど沖縄県の近くであることが多いのです。そのため、沖縄県は台風が多くなります。

②台風は沖縄県に強い雨と風をもたらす

また、沖縄県は日本のなかでも南の方にあるため、近づいてくる台風の多くはまだ弱くなっていません。そのため、強い風や雨をもたらします。

③台風の上陸が最も多いのは鹿児島県

ただ、台風が上陸する機会が最も多いのは、鹿児島県です。1951（昭和26）～2023（令和5）年に43個の台風が上陸しました。実は気象庁では台風の上陸を「台風の中心が北海道・本州・四国・九州の海岸線に達すること」と定めていて、沖縄県には「上陸」ということばは使われないのです。

9月13日 気候・季節

どうして「秋の空は高い」といわれるの？

ギモンをカイケツ！
色や雲のようすに特徴があるから。

季節ごとの空の見え方をくらべてみると、おもしろいな

これがヒミツ！

①実際には高さはかわらない

「天高く馬肥ゆる秋」ということわざがあるように、「秋は空が高い」といわれることがあります。しかし実際には、季節によって空の高さがかわるわけではありません。

②空がほかの季節より青っぽい

秋の空が高い理由のひとつは高気圧（→325ページ）にあります。秋に晴れをもたらす高気圧は、乾燥しているのが特徴です。すると、太陽の光にふくまれる紫や青の光が散らばりやすくなり（→354ページ）、空がより青く見えて、高くなったように感じられるのです。

③雲が高いところにできる

もうひとつの理由は、雲です。秋は、すじ雲（巻雲）やうろこ雲（巻積雲）、ひつじ雲（高積雲）ができやすくなります。これらの雲が高いところにできるため、それを見ることで空が高く感じられるのだと考えられます。

水分が多いときは、空はやや白っぽく見えるぞ

9月14日

天気と生活 2

太陽の光が当たると あたたかいのはなぜ？

ギモンをカイケツ！

太陽の光にふくまれる赤外線が熱を伝えるから。

目に見えない光が関係しているのよ

これがヒミツ！

①太陽の光にはさまざまな光がふくまれている

太陽の光には、さまざまな種類の光がふくまれています。そのなかには目に見えるものと目に見えないものとがあり、目に見えない光のなかのひとつに、赤外線というものがあります。

太陽からは、1億5000万kmの距離をこえて熱が伝わっているわよ

②赤外線が熱にかわる

赤外線には、ものに当たると熱にかわるという性質があります。そのため、太陽の光に当たると、わたしたちのからだの表面で赤外線が熱にかわって、あたたかく感じるのです。ものに当たると熱にかわるという赤外線の性質は、身近な道具にも利用されています。赤外線ストーブやこたつなどは、その例です。

③赤外線などによる熱の伝わり方を放射という

赤外線などによる熱の伝わり方を放射といいます。空気のない宇宙では、空気によって熱が伝わることはありませんが、放射によって遠くまで伝わります。

9月15日 人・できごと

フレデリック・ウィリアム・ハーシェル

❓ どんな人？

太陽の光があたたかい理由は、だいぶ前からわかっていたんです

赤外線を発見した。

🏆 こんなスゴイ人！

プリズムという道具（ガラスなどでできた透明な柱）を使うと、太陽の光を色ごとに分解できるんだ

①見えない光を発見

熱を伝えるはたらきをもつ赤外線は、太陽の光のなかにふくまれていますが、目で見ることはできません。その見えない光をはじめて発見したのは、18〜19世紀のイギリスの天文学者、フレデリック・ウィリアム・ハーシェルです。

②見えない光で温度が上がった

ハーシェルは、太陽の光を色ごとに分解し、光の色と熱の関係について調べていたとき、赤い光の外側に置いた温度計の数値が上昇したことから赤外線を発見したといいます。

③自作の望遠鏡で大発見

実はハーシェルは、もともとは音楽家でした。オルガン奏者としてはたらきながら自分で望遠鏡をつくり、それを使って太陽系の第7惑星、天王星を発見するという業績も残しています。

9月16日

秋雨前線って何？

ギモンをカイケツ！

秋の長雨をもたらす前線のこと。

夏のはじめの梅雨前線（→184ページ）と、どうちがうんでしょう？

これがヒミツ！

①空気のさかい目にできる前線

あたたかい空気と冷たい空気のさかい目は雲ができやすく、雨がふりやすくなります。このような、雨がふりやすい空気のさかい目が前線です（→186ページ）。

②秋になるとできる前線

夏の間、日本はあたたかい空気のかたまりである小笠原気団におおわれています。ところが、秋になると小笠原気団が少しずつ弱まり、日本の北には冷たい空気のかたまりである気団がやってきます。すると、ふたつの気団の間に前線ができます。これが秋雨前線です。

③日本に雨をふらせる

小笠原気団がさらに弱まって南に移動すると、秋雨前線も南に移動して、日本の上にやってきます。すると、この前線の周辺では長い間、雨がふります。

梅雨前線とは反対に、だんだん南へ移動していくよ

9月17日 雨・雪・雷

雷がゴロゴロいうのはなぜ？

❓クイズ

1. 雷で故障した飛行機のエンジンが音を出すから。
2. 空気がはげしくふるえるから。
3. 雷が落ちたときに地面がはげしくふるえるから。

➡ こたえ ❷ 雷の電気によってふるえる空気が出す音。

雷そのものではなく空気が音を出しているのね

本当は通れないところを無理やり通ってしまうほど、強力なのよ

🔍これがヒミツ！

①雷は空気のなかを流れる電気

積乱雲（→226ページ）という雲のなかでは、小さな氷のつぶがぶつかり合って静電気（もののなかにたまって動かない電気）が発生し、上の方にプラスの電気、下の方にマイナスの電気がたまっていきます。また、地面には、プラスの電気がたまっていきます。このように電気がたくさんたまったとき、雲のなかや雲と地面との間に流れる電気が、雷の正体です。

②強力なので空気も通れる

本来、空気は電気を通しません。ところが、雷の電気は、家庭用の電気の約100万倍といわれるほど強力です。そのため、空気のなかを通ることができるのです。

③ゴロゴロは空気がふるえる音

雷の電気が空気のなかを通るとき、通り道となった空気は熱くなり、急激にふくらみます。すると、その衝撃がまわりに伝わり、空気がはげしくふるえます。ゴロゴロという音は、この空気がふるえた音なのです。

9月18日 大気・風・雲

雲って何でできているの？

ギモンをカイケツ！
水と、ちりからできている。

雲のもとは、身近なものだぞ

これがヒミツ！

水だけでは、雲はできないということじゃ

①雲は水蒸気からできる

わたしたちのまわりにある空気には、目には見えない水蒸気がふくまれています。上空で冷やされた水蒸気は、小さな水や氷のつぶになります。雲は、このつぶがたくさん集まったものなので、雲は水からできているということになります。

②空気中の水蒸気の量には上限がある

空気は気温によって、ふくむことができる水蒸気の量が決まっています。空気におさまりきらなくなった分の水蒸気が冷やされて、水や氷のつぶになるのです。空気が限界まで水蒸気をふくんだ状態は湿度100％になります（→204ページ）。

③ちりが水のつぶの芯になる

雲ができるには、空気中のエアロゾルとよばれる目には見えないほど小さなちりが必要です。空気におさまりきらなくなった水蒸気は、エアロゾルを芯にしてくっつき、雲をつくる水のつぶになります。

9月19日

ふしぎな現象

これまでで最も大きな被害を出した台風は？

ギモンをカイケツ！

約4700人もの命をうばった1959（昭和34）年の伊勢湾台風。

当時は、今ほど災害対策が進んでいなかったこともあるかもしれないね……

愛知県や三重県には、多くの慰霊碑などが残っているよ

これがヒミツ！

①超大型のまま上陸した台風15号

1959（昭和34）年9月21日に発生した台風15号は、一時は最低気圧が895hPaまで発達し、超大型で猛烈な強さをたもったまま、9月26日に紀伊半島に上陸しました。そして、スピードを上げながら日本を横断し、上陸から約6時間後に日本海にぬけていきました。

②約4700人がなくなる

この台風によって、愛知県と三重県に面した伊勢湾では高潮（→88ページ）がおこりました。主にこの高潮が原因で、愛知県と三重県を中心に死者約4700人、行方不明者約400人、負傷者約3万9000人という大きな被害が出ました。

③約4万1000棟の家がこわれた

この台風では、建物も大きな被害を受けました。全壊した（すべてこわれた）建物は約4万1000棟、半壊した（半分こわれた）建物は約11万3000棟にものぼりました。この台風は、伊勢湾台風とよばれています。

9月20日(はつか)

気候・季節

火山が気候に影響をあたえることがあるのはなぜ？

💡 ギモンをカイケツ！
灰などが空をおおって太陽の光をさえぎるから。

噴火のせいで暑くなるというわけじゃないぞ

外国の火山の噴火が、めぐりめぐって、日本の人々の生活に影響をあたえたんじゃ

🔍 これがヒミツ！

①噴火によるちりが地球をおおう

火山が爆発すると、多くの火山灰やちりなどが空にふき上げられます。大きな噴火の場合は、ふき上げられたちりは地上から12〜50kmの成層圏とよばれる高さ（→48ページ）にまでとどき、世界中に広がります。このちりは、長いときには数年間、成層圏をただよいつづけます。

②太陽の光がさえぎられる

このちりには、太陽の光をさえぎるはたらきがあります。そのため、多くのちりが長い間ただよっていると、太陽の光がとどきにくくなり、地球全体の気温が下がることがあります。

③火山の噴火が日本にも影響

1991（平成3）年にフィリピンのピナツボ山が噴火したときには、その2年後に日本が記録的な冷夏（→250ページ）となり、米の収穫量が大はばに減るというできごとがおこっています。

9月21日 人・できごと

宮沢賢治

どんな人?
童話のなかで地球温暖化をえがいた。

とても進んだ知識をもっていたんですね

こんなスゴイ人！

どんな物語なのかは、自分で読んでたしかめてみましょう

①多くの人が知る童話作家

宮沢賢治という人の名前は聞いたことがある人も多いでしょう。『注文の多い料理店』や『銀河鉄道の夜』などの作品で知られる、明治〜昭和時代に生きた童話作家です。実はその宮沢賢治の作品のなかに、地球温暖化（→ 264 ページ）の話題が登場しているのです。

②わざと地球温暖化をおこす

その作品とは、1932（昭和 7）年に発表された『グスコーブドリの伝記』です。これは、寒さによる農作物の不作に苦しむ人々を救うために、火山を噴火させて二酸化炭素を増やし、地球温暖化をおこそうとする人物の物語です。

③実際にはうまくいかない

ただし実際には、火山が大噴火すると火山灰などによって太陽の光がさまたげられてしまうため、むしろ地球の気温は下がってしまいます（→ 294 ページ）。

9月22日 天気と生活

「煙がまっすぐのぼれば晴れ」といわれるのはなぜ？

ギモンをカイケツ！

雨などの原因になるあたたかい空気が上空にないということだから。

近所に工場などがあれば、この知識が役に立つかもね

これがヒミツ！

①天気がよいときの煙

みなさんは、ものを燃やしたときなどに出る煙が、空にのぼっていくようすを見たことがあるでしょうか。もしその日、天気がよくておだやかだったとしたら、煙はまっすぐのぼっていたはずです。

ただしこれは、風の影響がない場合の話よ

②天気が悪くなるときの上空のようす

一方、天気が悪くなるときには、低気圧などの接近によって、冷たい空気の上にあたたかい空気が入って、雲が増えていきます。

③上空にあたたかい空気があるとまっすぐのぼらない

煙はふつう、まっすぐ上にのぼりますが、上空によりあたたかくて軽い空気があるときには、そこから上にのぼれずに、横にたなびきます。つまり、煙がまっすぐにのぼらないときは、上にあたたかい空気があって、これから天気が悪くなる可能性があると考えられるのです。

9月23日 天気の予測

風の強さは何種類あるの？

ギモンをカイケツ！

風速によって4種類に分けられる。

風の強さはいろいろですが、4段階に分けてあらわします

これがヒミツ！

風があまりに強いときは外出をひかえましょう

①4段階に分けられる風の強さ

気象庁では、風の強さを大きく4段階に分けています。弱い順に「やや強い風」、「強い風」、「非常に強い風」、「猛烈な風」です。

②秒速15〜20mは強い風

やや強い風は秒速10〜15mで、人間は風に向かって歩きにくくなります。強い風は秒速15〜20mで、転ぶ人も出てきます。この強さになると、高い場所で作業をすることなどは危険です。

③秒速30m以上は猛烈な風

非常に強い風は秒速20〜30mで、人間は何かにつかまっていないと立っていられなくなります。さらに、秒速30m以上になると、猛烈な風になります。猛烈な風では、木が折れたり、電柱がたおれたりすることがあり、外にいることはとても危険になります。

9月24日 雨・雪・雷

雷がきそうなときはどうすればいいの？

ギモンをカイケツ！
鉄筋コンクリートの建物などににげよう。

雷から身を守れる場所は、ちゃんと身近にあることを知っておいてね

これがヒミツ！

①まっ黒な雲や冷たい風は雷がくるサイン

雷をもたらすのは積乱雲（→ 226 ページ）という雲です。まっ黒な雲が近づいてきたり、ゴロゴロという音が聞こえてきたり、急に冷たい風がふいてきたりしたら、積乱雲が近づいているサインです。

木の場合、枝や葉からも2m 以上ははなれよう

②鉄筋コンクリートの建物などが安全

鉄筋コンクリートの建物、自動車、バス、列車などのなかは、比較的安全なので、できればこれらの場所ににげましょう。また、大きな木造の建物の内部も基本的に安全ですが、電気器具や天井、かべから 1m 以上はなれるとさらに安心です。

③高いものからはなれる

近くに安全な場所が見当たらず、電柱やえんとつなどの高いものがあるときは、そのてっぺんを 45°以上の角度で見上げる範囲で、かつ4m 以上はなれたところににげて、しゃがみます。

9月25日

大気・風・雲

空以外にできる雲ってどんなもの？

ギモンをカイケツ！

滝や森、火山の噴火にともなってできる雲などがある。

雲は、意外といろいろなところで生まれているんじゃ

これがヒミツ！

火山の噴火で生じる雷は火山雷といわれるぞ（→ 268 ページ）

①滝にできるしぶき雲

雲ができる場所は、空だけではありません。たとえば、滝にはしぶき雲とよばれる雲ができます。滝の流れによって空気が下に引きずられると、下向きの空気の流れが生まれます。すると、少なくなった空気を元にもどそうとして上向きの空気の流れが生まれ、それによってしぶき雲ができます。

②森にできる森林蒸散雲

森では、森林蒸散雲とよばれる雲ができます。植物は、根から水分を吸い上げて、よぶんな水分を水蒸気として外に出します。このはたらきによって空気中の水蒸気が増えて生まれる雲です。

③火山の噴火などでできる熱対流雲

火山の噴火や山火事によって、地面付近の空気があたためられて、上向きの空気の流れが生じることで発生する火災雲という雲もあります。熱対流雲は成長すると、積乱雲になり、雷を引きおこすこともあります。

9月26日 ふしぎな現象

台風の進む方向はどのように予測するの？

ギモンをカイケツ！
数値予報の結果を参考に予測する。

> 台風の進路を予測するには、さまざまな技術が活用されているよ

> ただし一方で、人間の力もなくてはならないものなんだ

これがヒミツ！

①コンピューターを使って予測

昔はコンピューターなどがなかったため、台風をふくむ天気の予測は、各地の観測結果をもとにすべて人間の手でおこなわれていました。今は、大気や各地のさまざまな観測データをもとに、コンピューターを使って天気を予測しています。これを数値予報といいます。

②地球を小さく区切って予測する数値予報

数値予報では、地球全体を無数の小さな四角に区切ります。この四角のひとつひとつに、世界から送られてくるデータをもとに気温や風の強さなどを当てはめ、コンピューターで今後の変化を予測するのです。

③数値予報をもとに予報官が予測

台風の予測も、この数値予報を用いておこなわれています。最後は、数値予報の結果を参考にしながら、気象庁の予報官（→378ページ）が台風の進路や強さの変化を予測して発表します。

9月27日 気候・季節

気候変動の影響で増える災害ってどんなもの？

💡 ギモンをカイケツ！

水害、土砂災害、干ばつ、山火事など。

気候変動で、命の危険が増えるかもしれないんじゃ

気候変動の影響は意外といろいろなところにおよぶぞ

🔍 これがヒミツ！

①雨が増えると水害や土砂災害が増える

気候変動によって、ふる雨の量が増える場合があります。そのような地域では、洪水などの水害のほか、土や岩が水といっしょに流れ下る土石流や、土砂くずれなどの災害がおこりやすくなるでしょう。

②雨が減ると干ばつが増える

一方、雨があまりふらなくなる地域もあるでしょう。これらの地域では、干ばつ（→ 151 ページ）がおこりやすくなり、土地が砂漠に変化していく砂漠化もおこるかもしれません。

③雨が減ると山火事も増える

雨があまりふらなくなる地域では、乾燥がつづくと山火事もおこりやすくなります。山火事は、雷などが原因となることもありますが、気温がとくに高い場所では、強風でかれ葉どうしがこすれ合ったときなどに、自然に火がついておこる場合もあるのです。

9月28日

天気と生活 ②

「髪にくしが通りにくいと雨」といわれるのはなぜ？

💡 ギモンをカイケツ！

しめった髪の毛はのびたりちぢれたりするから。

自分の髪の毛で天気が予想できたら便利ね

🔍 これがヒミツ！

毎日の髪の毛の調子に注意しよう

①髪の毛がしめっていると……

人間の髪の毛は、しめり気をおびると、かわいているときよりも、のびてちぢれます。ぬれている状態の髪の毛にくしが通りにくいのは、そのためです。

②空気がしめるとくしが通りにくくなる

空気中の水分が多いときにも、同じことがおこります。空気中の水分が多いということは、天気が悪くなるということです。そのため「髪にくしが通りにくくなると雨」といわれるのです。

③髪の毛でしめり気をはかる毛髪湿度計

しめり気によって髪の毛がのびる性質は、昔は湿度（→ 204 ページ）をはかる道具である湿度計に利用されていました。これを毛髪湿度計といい、今から 200 年以上前にヨーロッパで発明されています。

9月29日

オラス・ベネディクト・ド・ソシュール

❓ どんな人？

毛髪湿度計を発明した。

昔は気象庁などでも使われていた装置なんですよ

こんなスゴイ人！

①学者であり登山家

オラス・ベネディクト・ド・ソシュールは、18世紀に活躍したスイスの人で、植物学者や登山家としての顔をもっていました。「近代登山の父」といわれることもあります。彼の功績のひとつが、人間の髪の毛を利用した湿度計を生みだしたことです。

それほど精密にはかれなかったようですけどね

②湿度の変化を自動的に記録

人間の髪の毛は、空気がしめっているとのび、空気が乾燥しているとちぢみます。この性質を利用して、髪の毛の変化を先端にインクがついた針に伝え、湿度の変化を自動的に記録できるようにしたのが、毛髪湿度計です。

③便利だったが弱点もあった

かつては実際に湿度の観測に使われていましたが、あまりに温度が低いと髪の毛がのびちぢみせず、正しくはたらかないという弱点がありました。

9月30日 天気の予測

「東よりの風」「西よりの風」ってどういう意味？

ギモンをカイケツ！

だいたいその方角からふいてくる風。

風の向きはかわりやすいですからね

これがヒミツ！

南と東の間が南東、南と西の間が南西だよ

①風は、ずれながらふいている

風の向きは、つねに変化しています。たとえば、東の方角からふいてくる風でも、つねに東からふいてくるわけではなく、ちょっと北の方角にずれたり、南の方角にずれたりしながらふいていることが多いのです。

②ふいてくる方向にややばらつきがある

そのため、南の方角からふいてくる風のうち、ふいてくる方向にややばらつきがある風を「南よりの風」といいます。「北よりの風」や「東よりの風」、「西よりの風」なども、同じ意味です。

③南よりの風は南東と南西の間でふく風

南よりの風は、正確には南東と南西の間でふく風をさします。つまり、南よりの風にふくまれる風の角度は90°です。これは「北よりの風」や「東よりの風」、「西よりの風」も同じです。

10月

雨がものをとかしちゃう ことがあるのはなぜ？

ギモンをカイケツ！
雨が強い酸性になることがあるから。

身近なものでは、レモンの果汁などが酸性よ

酸性雨がふるのは、われわれ人間のしわざということね

これがヒミツ！

①ものをとかす強い酸性の雨
ものをとかしてしまうのは、「酸性雨」とよばれる強い酸性の雨です。コンクリートなどをとかすだけではなく、樹木をかれさせたり、川や湖の水を変化させて魚がすめないようにしたりと、さまざまな影響をもたらします。

②有害な物質が雨にとけこむ
酸性雨がふる原因は、自動車の排気ガスや工場の煙などにふくまれている有害な物質が雨にとけこむからです。わたしたち人間が自動車を利用したり、工場や火力発電所などで石油を燃やしたりすることが、酸性雨の発生につながっています。

③酸性雨をふせぐには
酸性雨は、原因となる有害物質の発生をおさえれば、ふせぐことができます。排気ガスをきれいにしたり、火力発電を減らして太陽光発電（→ 383 ページ）や風力発電（→ 358 ページ）のような自然のエネルギーを利用したり、排気ガスの出ない電気自動車を広めたりするなど、さまざまなとりくみがおこなわれています。

10月2日 うろこ雲（いわし雲）ってどんな雲？

ギモンをカイケツ！
空気がぐるぐる動くことで発生する雲。

魚のうろこやイワシの群れのようだということから、この名前がついたといわれるぞ

これがヒミツ！

これがうろこ雲（いわし雲）。みんなには、何に見えるかな？

①うろこ雲（いわし雲）は巻積雲

うろこ雲（いわし雲）とよばれているのは、巻積雲という名前の雲です。秋の空に見られる雲のイメージがありますが、条件がそろえば、どの季節でも見ることができます。

②空気が上下に動いて小さな雲がならぶ

うろこ雲は、雲の下の気温が高く、雲の上の気温が低いときに発生します。あたたかい空気は上へ、冷たい空気は下へ動こうとしますが、いっせいに動くとぶつかってしまいます。そのため、ゆずり合いながら動こうとして、上に動く部分と下に動く部分がたがいちがいになります。このとき、上に動く部分だけ雲ができるのです。

③ひつじ雲とは大きさで区別ができる

巻積雲に似ている雲に、ひつじ雲ともよばれる高積雲があります。空に手をのばして指を立てたとき、ひとつひとつの雲が指にかくれる大きさであれば巻積雲です。

10月3日（みっか）

 ふしぎな現象

台風がきそうなときはどうすればいい？

💡 ギモンをカイケツ！

必要なものを準備して、台風情報をチェックしておこう。

「きっとだいじょうぶ」と思わずに、いざというときのことを考えておこう

🔍 これがヒミツ！

①さまざまな被害をもたらす台風

台風は、強い風と雨によって洪水や高波なども引きおこし、大きな被害をもたらします。また大量の雨は、土と岩がいっしょに斜面を流れ下る土石流や、がけくずれなどの原因ともなります。

台風の進路予想図の見方をおぼえておくといいよ（→336ページ）

②家を守るための準備

窓は板や専用のテープなどをはって割れないようにし、風で飛ばされるおそれがある植木ばちや物干しざおなどは、あらかじめかたづけておきましょう。洪水がおこりやすい場所では、土のうなどを積んでおくことも大切です。

③自分の身を守るための準備

必要なものを入れた非常用持ち出し袋などを準備したり、スマートフォンを充電したりしておくと安心です。また台風が近づいているときには、台風情報や避難情報などをチェックするようにしましょう。

10月4日

気候・季節

秋に木の葉が落ちるのはなぜ？

ギモンをカイケツ！

水分不足でかれないようにするため。

植物の生きていくための知恵ともいえるな

これがヒミツ！

葉が落ちるのではなく、わざと落としているんじゃ

①葉は、よぶんな水を外に出す場所

植物は、栄養分をつくる材料にするために、根から水をすい上げています。そして、よぶんな水は主に葉の裏にある気孔とよばれる穴から、水蒸気（→285ページ）として空気中に出しています。

②かれないために葉を落とす落葉樹

冬になると、空気が乾燥する一方で、葉から水蒸気が出つづけてしまうため、木は水分不足になりやすくなります。そのため、一部の木は葉を落として、水がにげていってしまうのをふせいでいるのです。このように、秋に葉を落とす木を落葉樹といいます。

③秋に葉を落とさない常緑樹

一方、秋になっても葉を落とさない、常緑樹とよばれる木もあります。まとめて葉を落とすことはありませんが、一年を通して少しずつ葉を落としています。

人・できごと

10月5日

真鍋淑郎

どんな人？

気候変動の予測に関する研究でノーベル賞を受賞した。

> ずっと前から、気候変動の予測に役立つ研究をしていたのです

こんなスゴイ人！

> コンピューターのなかに、小さな地球をつくってしまったようなものですね

①日本出身の気象学者でははじめて

2024年現在、日本出身で気象学の分野でノーベル賞を受賞した人は、ひとりしかいません。それが、2021年にノーベル物理学賞を受賞した真鍋淑郎です。

②コンピューターで地球の気候を再現

真鍋が研究したのは「気候モデル」とよばれる、地球の気候をコンピューター上で再現することを目的とした計算プログラムです。これを使うと、たとえば大気のなかの二酸化炭素の割合の数値を少しずつかえて入力することで、それぞれの場合に地球の平均気温がどうかわるかを計算する、というようなことができます。

③気候変動の予測に欠かせない

真鍋が研究した気候モデルは、現在では気候変動（→36ページ）の予測をささえるものになっています。そうした業績が、ノーベル賞受賞につながることになりました。

10月 6日（むいか）

天気と生活 2

「〇〇の秋」とよくいわれるのはどうして？

ギモンをカイケツ！

それぞれ、そういわれるようになったきっかけがある。

やりたいことがいろいろあって、こまっちゃう！

これがヒミツ！

夏目漱石は『吾輩は猫である』や『坊っちゃん』で有名ね

①いろいろなことに向いている秋

読書の秋、スポーツの秋、芸術の秋……。これらのことばには、秋はそのことをするのにちょうどよい季節だ、という意味があります。

②夏目漱石が広めた「芸術の秋」

「読書の秋」は、大昔の中国の詩に由来しているといわれています。その詩には、「秋の夜はすずしくて、明かりをつけて読書をするのにぴったりだ」というようなことが書かれていました。この詩を、明治〜大正時代の小説家、夏目漱石が自分の作品のなかでとりあげたことで、「読書の秋」といわれるようになったとされます。

③「芸術」と「スポーツ」にもきっかけあり

「芸術の秋」は、いまから100年あまり前の美術雑誌で「美術の秋」という特集が組まれたこと、スポーツの秋は、1964（昭和39）年の東京オリンピックが秋におこなわれたことが関係しているといわれています。

10月 7日(なのか)

天気の予測

降灰予報ってどんなもの？

💡ギモンをカイケツ！

火山灰がふる量や範囲の予報。

雨や雪だけじゃなく、灰がふる地域もあるんです

🔍これがヒミツ！

①さまざまな悪影響をおよぼす火山灰

火山の噴火で出る火山灰は、自動車や干してある洗濯物をよごしたり、農作物の成長に影響をあたえたりします。また、すいこむと、健康に悪い影響が出ることもあります。

鹿児島県の桜島は、活発に活動している火山の代表だよ

②火山灰の量や範囲を予想する降灰予報

そのため気象庁では、活発に活動している火山のうち、火山灰で大きな影響が予想されるものについては、定期的に「降灰予報（定時）」を出しています。その内容は、火山灰の量やふる範囲などです。この予報は、午前2時から午後11時まで、3時間おきに出されます。

③噴火直後には降灰予報の速報が出されることも

また、火山が噴火した直後には、火山灰の量によって「降灰予報（速報）」が出されることがあります。さらに、速報が出されたあとには、よりくわしい「降灰予報（詳細）」が出されます。

10月8日（ようか）

雨・雪・雷

晴れているのに雨がふることがあるのはなぜ？

💡 ギモンをカイケツ！

雨が遠くから飛んできたり雲がなくなったりするから。

主な理由はふたつあるわ

雲がなければ雨がふることはないのよ

🔍 これがヒミツ！

①強い風で雨つぶが飛んでくる

晴れているのに雨がふることを「天気雨」や「きつねの嫁入り」といいます。天気雨がふる理由は、大きくふたつあります。ひとつは、雨つぶが強い風に乗って、遠くから飛んでくる場合です。はなれた場所にある雲でできた雨つぶが、太陽が出ている場所で地面に落ちてくるので、晴れた空から雨がふってきたように感じます。

②雨が落ちてくるまでに雲がなくなる

ふたつ目は、雨をふらせた雲が去ったり、なくなったりした場合です。雲のなかでつくられた雨が地面まで落ちてくるには、時間がかかります。たとえば、2000mの高さから小さな雨つぶが落ちてくる場合、数分以上かかることがあります。すると、雨が地上に着くまでに、風で雲が流されてしまう場合があるのです。

③虹を見られるチャンス

天気雨のときは、太陽の反対側に虹が出やすいといわれています。もし天気雨がふったら、太陽が低いときにその反対に虹が出ていないか、さがしてみましょう。

10月9日

 大気・風・雲

雲はなぜ空にうかんでいられるの？

💡 ギモンをカイケツ！

上向きの空気の流れによってふき上げられているから。

軽いからうかんでいる、というわけではないぞ

🔍 これがヒミツ！

雲は、いつまでもうかんだままではいられない運命なんじゃ

①本来はうかんでいられない重さ

空にうかんでいる雲は、小さな水や氷のつぶが集まってできています。とても小さいつぶですが、空気より重いので、本来であればうかんでいることはできません。

②上向きの空気の流れのおかげ

しかし、上向きの空気の流れがあると、小さな水のつぶは落下せずに空にうかびつづけることができます。この上向きの空気の流れとは、つまり上に向かってふき上げる風のことです。

③ささえてもらえなくなると落ちる

上向きの空気の流れによってうかんでいる水や氷のつぶは、まわりの水のつぶをくっつけながら成長します。そして、ある程度の大きさになると上向きの空気の流れでもささえられなくなり、地上に向かって落ちてきます。これが雨や雪の正体です（→ 123ページ）。

1964年の東京オリンピックの開会式が10月10日だった大きな理由は？

クイズ

❶ うらないで縁起のよい日だったから。
❷ 晴れる確率が高かったから。
❸ 当時の総理大臣の誕生日だったから。

➡ こたえ ❷ 晴れる確率が決め手になったといわれている。

10月10日は晴れの特異日（→340ページ）とされることもあります

開会式は青空の下でやった方が気持ちいいですよね

これがヒミツ！

①「スポーツの日」の歴史

現在では、10月の第2月曜日が「スポーツの日」と決められていますが、実はこの祝日は2019（令和元）年までは「体育の日」という名前でした。また1999（平成11）年までは、曜日に関係なく10月10日と決まっていました。

②由来はオリンピックの開会式

「体育の日」は、1966（昭和41）年につくられた祝日で、10月10日になったのは、その2年前の1964（昭和39）年に、最初の東京オリンピックの開会式がおこなわれた日だったからです。

③日本オリンピック委員会の願い

1964年の東京オリンピックの開会式が10月10日になった理由には、天気が関係していたといわれています。日本オリンピック委員会から「絶対に晴れる日に開会式をおこないたい」と相談を受けた気象庁が、晴れる確率が高い候補の日をあげ、そのなかから土曜日である10日が選ばれたそうです。

10月11日

ふしぎな現象

ハリケーンに人の名前がついているのはなぜ？

ギモンをカイケツ！

あらかじめ作成した名前の一覧表をもとに、順番につける決まりだから。

男性の名前も女性の名前もあるよ

これがヒミツ！

みんなが番号でよんでいる台風にも、実は名前があるんだ

①人の名前がつけられるハリケーン

アメリカに近い北大西洋やカリブ海などで生まれた台風の仲間をハリケーンといいます（→220ページ）。ハリケーンには「カトリーナ」や「キャサリン」など、人の名前がつけられています。

②アルファベットのAから順番につける

アメリカ気象局は毎年、A〜Zのアルファベットのうち、QとUをのぞいた24文字を頭文字とする名前からなる一覧表をつくっています。そして、その年に発生したハリケーンに、Aから順番に名前をつけていきます。

③アジアの台風にも名前がつけられている

2000（平成12）年から、アジアで発生する台風にも共通の名前がつけられるようになりました。あらかじめ準備された140個の名前を順番につけるという方法です。たとえば、2024（令和6）年8月の台風6号には、ベトナムの山の神様である「ソンティン」の名がつけられました。

10月12日 気候・季節

気候変動が食べ物に影響をあたえるのはなぜ？

ギモンをカイケツ！
農作物の生育などに影響をあたえるから。

気候変動は、とても身近な問題なんじゃ

みんなの好きな野菜や果物も、とれる量が減ったり値段が高くなったりするかもしれないぞ

これがヒミツ！

①農業は気候の影響を受ける
植物にはそれぞれ、「暑い地域でしか育たない」、「乾燥に強い」といった特徴があります。そのため世界の各地では、それぞれの土地に合った植物を選んで育て、農作物として収穫しています。

②気候変動は収穫量をかえる
気候変動とは、暑い・寒い、雨が多い・少ないといった地域の特徴がかわってしまうことです。そうなれば当然、農作物にも大きな影響があります。たとえばある土地で、今まで米がたくさんとれていたのに、気温が高くなったために、あまりとれなくなるということもあり得ます。

③気候変動で食料が減るかもしれない
今後、地球の気候がどうかわっていくかは正確にわかりませんが、もし変動の度合が大きくなると、人間の主食である小麦や米、トウモロコシ、大豆などは、全世界で収穫量が減ると考えられています。

10月13日

天気と生活 2

「星がたくさん見えると晴れ」といわれるのはなぜ？

ギモンをカイケツ！

空気がかわいていて水や氷のつぶが少ない証拠だから。

> 夜空の観察で、次の日の天気がわかるのね

これがヒミツ！

> ただし星が見えるかどうかには、まわりの明るさなども関係するわよ

①天気が悪くなるときの空気の状態

空気中には、水や氷のつぶがふくまれています。天気が悪くなるときには、この水や氷のつぶの量が多くなります。

②水や氷のつぶが星を見えにくくする

水や氷のつぶには、星からとどく光をはねかえしたり、折り曲げたりする性質があります。そのため、空気中にふくまれる水や氷のつぶが多いと、あまり明るくない星は、見えにくくなってしまいます。その結果、見える星の数が全体としては少なくなってしまうのです。

③空気がかわいていると星がよく見える

一方、天気がよくなるときは空気がかわいて、空気中にふくまれる水や氷のつぶの量が少なくなります。すると、星からの光が地上にとどきやすくなり、星がたくさん見えるようになるのです。

10月14日

天気の予測

気象台ってどんなところ？

ギモンをカイケツ！

気象庁のなかの、各地の気象観測などをおこなう場所。

各地に気象台があるから、正確な天気予報ができるんです

これがヒミツ！

これは神奈川県にある横浜地方気象台。高い場所にある。

①気象について調べる場所

気象庁は、気象や地震について調べたり、それらに関する情報をわたしたちに教えてくれたりする国の機関で、東京にあります。その気象庁の下にあって、各地の気象について調べるのが気象台です。

②6つの大きな気象台

気象庁の下には、札幌、仙台、東京、大阪、福岡という5つの管区気象台と沖縄気象台があります。そして、それらの下には、さらに50の地方気象台や5つの航空地方気象台、ふたつの測候所、ふたつの航空測候所があります。昔は、海の気象を調べる海洋気象台もありましたが、2013（平成25）年になくなりました。

③予報や警報などを出す

気象台は気象について調べるほか、集めたデータを分析して予報や警報などを出したり、データを管区気象台や気象庁に送ったりする役割をもっています。

10月15日 雨・雪・雷

雨のにおいって何のにおい？

ギモンをカイケツ！

土や石の表面にくっついた植物の油のにおい。

実は雨のにおいは、雨そのものからしているわけじゃないのよ

これがヒミツ！

雨がいろいろなにおいを引き出す役割をはたすわけね

①においの名前はペトリコール

雨の日に、独特のにおいを感じたことはないでしょうか。長い間雨がふらず、久しぶりにふったときにするあのにおいには、「ペトリコール」という名前があります。これは、ギリシャ語で「石のエッセンス」という意味です。

②ペトリコールの正体は植物の油

ペトリコールの正体は植物からできた油です。この油は、乾燥した地面の土や石の表面にくっついています。そして雨がふると、空気中に出てくると考えられています。

③雨上がりのにおいはゲオスミン

ペトリコールは雨のふりはじめのにおいですが、雨上がりに感じるにおいは「ゲオスミン」とよばれています。これは、土のなかの微生物によってつくられるカビのようなにおいで、雨水によって広まります。そして雨が上がり、雨水が蒸発しはじめるときに、においが強まります。

10月16日

大気・風・雲

白い雲と黒っぽい雲があるのはどうして？

ギモンをカイケツ！

太陽の光のあたり方や、雲の水や氷のつぶの量がちがう。

雲の色は、天気の変化にも関係があるぞ

これがヒミツ！

①どちらの雲も実際は透明

地上から雲を見ていると、白っぽい雲や黒っぽい雲がありますが、実は雲そのものに色はありません。なぜなら雲は水や氷のつぶの集まりで、それらがもともと無色透明な水からできているからです。

②目にとどく光の量で色が変わる

雲に色があるように見えるのは、雲をつくる水や氷のつぶが、太陽の光をあちこちにはねかえすからです（→ 262 ページ）。水や氷のつぶの表面ではねかえったり、つぶのなかを通りぬけたりをくりかえしながら、光はわたしたちの目にとどきます。このとき、目にとどく光が多ければ白っぽく、少なければ黒っぽく見えます。

③雨雲は光の通り抜ける量が少ない雲

雨雲は、水や氷のつぶがとても多いため、通りぬける光の量が少なくなります。そのため、より黒っぽく見えます。

黒っぽい雲が近づいてきたら雨がふりそう、というのは何となくわかるだろう

10月17日

ふしぎな現象

台風の番号には どんなルールがあるの？

ギモンをカイケツ！

その年の1月1日以降、もっともはやく発生した台風を1号にする。

番号は適当につけられているわけではないんだよ

正式名称としては数字の前に「第」がつくけれど、天気予報などでは省略されることも多いね

これがヒミツ！

①生まれた順に番号がつけられる

テレビなどの天気予報を見ていると、台風には「（第）9号」「（第）12号」などの番号がついています。この番号は、台風が生まれた順番につけられています。その年にもっともはやく生まれたものが1号となり、そのあと、生まれた順番に2号、3号と番号がつけられていくのです。

②日本に来ない台風にも番号がつけられる

台風のなかには、日本に近づく前に消えたり、大きくそれてべつの地域に行ったりするものもあります。しかし、それらの台風にもちゃんと番号がつけられます。

③番号でよんでいるのは日本だけ

台風に番号をつけてよんでいるのは、実は日本だけです。アジアでは台風を番号ではなく、周辺の国々のことばでさまざまな人やものなどをあらわす名前でよんでいます。たとえば、2024（令和6）年9月に生まれた台風11号には、日本語で「ヤギ」という名前がつけられました。

10月18日

気候・季節

なぜ気候変動で感染症が増えるかもしれないの？

ギモンをカイケツ！

感染症とは、細菌やウイルスなど、目には見えない小さな病原体がもとでおこる病気じゃ

感染症の原因になる生き物のすむ場所が広がるから。

コレラもマラリアも、かかったら命にかかわることもある、おそろしい病気じゃよ

これがヒミツ！

①細菌が増える

気候変動によって気温が上がると、水のなかにすむ、感染症の原因となる細菌などが増えやすくなります。その状態で雨がふって洪水などがおこれば、増えた細菌はさまざまな場所に運ばれるでしょう。こうして、気候変動をきっかけにコレラなどの感染症が増えやすくなると考えられます。

②今までいなかった生き物があらわれる

また、同じように気温の上昇によって、今まで熱帯とよばれる非常に暑い地域でしか見られなかった生き物が、日本などでも見られるようになるかもしれません。その代表的なものが、ハマダラカというカの仲間です。

③おそろしいハマダラカ

ハマダラカは、マラリアという感染症の原因となります。気候変動の影響で、2030年には全世界でのマラリアの死亡者が、今までの予想よりも約6万人多くなるといわれています。

10月19日

天気と生活 2

「朝に虹が出ると雨」といわれるのはなぜ？

💡 ギモンをカイケツ！

西で雨がふっている証拠だから。

朝から虹が見えたら、いい気分だけど……

🔍 これがヒミツ！

①虹をつくるのは雨つぶ

虹は、雨つぶで太陽の光がはねかえったり、折れ曲がったりすることで生まれるものです。虹が雨上がりによく見られるのは、まだ近くで雨がふっているからです。

太陽は東からのぼるから、虹が見える方角は西になるよ

太陽の光

②朝の虹は西の空に出る

虹は、太陽と反対側の方角にあらわれます。つまり、朝の虹は西の空にあらわれます。朝、西の空に虹が見えるということは、西の空に雨をふらす雲が近づいているということでもあります。

③すぐに雨がふりはじめる

ふつう、天気は偏西風の影響によって西から東へとうつりかわっていきます（→31ページ）。西の空の雨雲は、すぐにわたしたちがいる東の方にもやってきて、雨になります。

低気圧と高気圧って何？

💡 ギモンをカイケツ！

低気圧はまわりより気圧が低い場所、高気圧は気圧が高い場所。

天気予報などで、毎日聞きますよね？

🔍 これがヒミツ！

①気圧は 1m² あたり約 10 トン

地球は、空気におおわれています。そのため、地上にあるすべてのものには、気圧（空気がものをおす力）がかかっています。その大きさは、地上では 1m² あたり約 10 トンにもなります。

空気の流れが正反対になっているよ

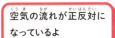
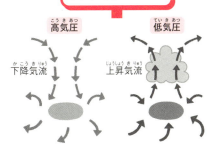

②気圧がまわりより低いか高いか

気圧の大きさは、場所によって少しずつことなります。気圧がまわりより低い場所を「低気圧」、まわりよりも高い場所を「高気圧」といいます。

③低気圧には風がふきこむ

低気圧がある場所では、上昇気流（上向きの空気の流れ）が生まれているため、まわりから風がふきこみます。また、高気圧がある場所では、下降気流（下向きの空気の流れ）が生まれているため、まわりに風がふき出します。

10月21日

エヴァンジェリスタ・トリチェリ

❓ どんな人？

気圧計を考えだした。

目には見えない気圧をはかれるようにしたなんて、すごいですよ！

こんなスゴイ人！

①ガリレオの弟子

エヴァンジェリスタ・トリチェリは17世紀のイタリアの科学者で、ガリレオ・ガリレイ（→34ページ）の弟子でした。師匠のガリレオと同じく、多くの分野に業績を残していますが、そのひとつが水銀気圧計をつくったことです。

水銀を入れた容器に、水銀で満たしたガラスの管をさかさまに立ててつくるよ

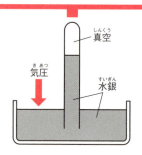

②水銀は特殊な金属

水銀は、常温で液体の状態をしている、金属の一種です。トリチェリは、それを利用して右の図のような装置をつくりました。気圧が下の容器に入った水銀をおすと、その分、管のなかの水銀が上がるようになっています。

③今はつくられていない

このしくみにもとづく気圧計は、その後数百年にわたって利用されることになりました。ただ、水銀は人間のからだに有害なので、現在ではつくられていません。

10月22日

雨・雪・雷

降水量の単位はどうしてmmなの？

？クイズ

❶ たまった水の深さではかるから。
❷ 雨で植物がどれくらい成長したかではかるから。
❸ まちがって使われた単位がそのまま残っているから。

➡ こたえ ❶ 降水量は、重さや体積ではなく、たまったときの深さではかる。

水の量を長さの単位であらわすのを、ふしぎに思ったことはない？

1時間降水量50mm以上は要注意よ

これがヒミツ！

①深さをはかるため、mmが使われる

雨や雪などとして空からふってきた水の量を「降水量」といいます。降水量は、一定時間の間にふった水が、どこにも流れ去らずにそのままたまった場合の深さであらわします。そのため、単位はmmを使います。

②降水量で雨の強さを区別する

気象庁では、1時間の降水量がどれくらいなのかによって、雨の強さを表現しています。たとえば、1時間の降水量が3mm未満のときは「弱い雨」、20mm以上30mm未満のときは「強い雨」と表現します。

③降水量で人への影響がわかる

1時間の降水量が10mm以上20mm未満になると、地面からのはね返りで足もとがぬれ、20mm以上50mm未満では、かさをさしていてもぬれてしまいます。50mm以上はかさが役に立たなくなるほどの非常にはげしい雨で、前が見えなくなってしまいます。

10月23日 大気・風・雲

雲と霧ってどうちがうの？

> 霧のなかを歩くのは、雲のなかを歩くことなんじゃ

ギモンをカイケツ！

地面に接していると霧。

> もやの方が、なかにいても遠くまで見通せるということじゃな

これがヒミツ！

①霧と雲のもとは同じ

雲は、上空で水蒸気が冷やされてできた水や氷のつぶが集まったものです。霧も、水のつぶが集まったものなので、なかを歩くとしっとりします。ただし霧は、地面に接しています。

②霧のでき方はいろいろ

霧のでき方にはいくつか種類があります。たとえば、早朝に発生し太陽がのぼるにつれて消える放射霧は、地面に接している空気が冷やされて、水蒸気が水のつぶにかわることでできます。また、冬に海や川などの上に冷たい空気が流れこんでできる蒸気霧は、あたたかい水面からのぼった水蒸気が冷やされてできます。

③霧ともやは、どの距離まで見えるかがちがう

霧と似たものに、もやがあります。どちらも小さな水のつぶによってできていますが、肉眼でものがはっきり見える最大の距離で区別されます。霧は1km未満、もやは1km以上10km未満なので、もやはうすい霧のようなものといえます。

10月24日

ふしぎな現象

冬でも台風が生まれることはあるの？

クイズ

❶ たくさん生まれる。
❷ 少し生まれる。
❸ 冬には生まれない。

➡ こたえ ❷ 夏にくらべると数は少ないけれど、冬にも生まれている。

台風は夏だけのものではないんだよ

冬の方が発生しにくいのは確かだね

これがヒミツ！

①台風は海水の温度が高いほど生まれやすい

海水は、温度が高いほど蒸発しやすく、生みだす水蒸気（→285ページ）の量も多くなります。台風は空気中の水蒸気をもとに生まれるので、海水の温度が高い時期ほど、多くの台風が生まれます。

②海水の温度が高い夏は台風が生まれやすい

夏は、台風が生まれる南の海の海水の温度が高くなります。そのため、夏は冬にくらべて生まれる台風の数が多くなります。

③数は少ないが冬にも生まれている

月別の台風の平均発生数というデータがあります。それを見てみると、8月が5.7個でもっとも多く、次いで9月が5.0個となっています。冬は夏に比べると少ないですが、それでも12月には1.0個、1月には0.3個、2月にも0.3個の台風が生まれています。

10月25日 気候・季節

季節はどうしてあるの？

ギモンをカイケツ！
時期によって太陽の光の当たり方がかわるから。

> 季節のちがいを生みだすかぎは、太陽の光じゃ

これがヒミツ！

①地球は2種類の回転をしている

地球は一日に1回、北極と南極を結ぶ軸を中心に、こまのように回転しています。これを自転といいます。また同時に、一年かかって太陽のまわりを1周してもいます。これを公転といいます。

> 12月ごろに太陽の位置が最も低く、太陽が出ている時間も最も短くなるよ。

②時期によって太陽の位置がかわる

地球の自転の軸は、公転の面に直角な方向に対して、約23°かたむいています。そのため、日本では6月ごろに太陽の位置が最も高くなり、太陽が出ている時間が最も長くなります。

③太陽の光が季節をつくる

太陽の光は、太陽の位置が高くて、太陽が出ている時間が長いときほど、よりたくさん地面をあたためます。一年のなかで太陽の光の当たり方がかわるため、あたたまり方もかわり、季節のちがいが生まれるのです。

10月26日

天気と生活 2

「ネコが顔を洗うと雨」といわれるのはなぜ？

ギモンをカイケツ！

空気がしめってくると、ひげの手入れをはじめると考えられるから。

> ネコを飼っている人は、当たっているかどうか、試してもいいかもね

これがヒミツ！

> ひげはネコにとって、とても大事なものなのよ

①顔を洗うのは空気のしめり気と関係している!?

ネコが「顔を洗う」というのは、前あしで顔をぬぐうような仕草をすることをさします。「ネコが顔を洗うと雨」といわれるのには、空気中の水分の量が関係しているという説があります。

②しめったひげの手入れ

ネコのひげは、しめり気や温度などを感じることができます。そのため、雨がふる前、空気中の水分が多くなると、ネコはそのしめり気を感じとって、前あしでさかんにひげの手入れをするようになるというのです。

③ノミのせいという説もある

また、空気がしめり気をおびると、顔にいるノミなどが活発に活動をはじめるために、かゆくなって顔を洗うという説もあります。ただ、どの説も科学的には証明されておらず、そもそも「ネコが顔を洗うと雨」が正しいかどうかも、実はよくわかっていません。

10月27日

 天気の予測

天気予報はどうやってしているの？

ギモンをカイケツ！
たくさんの観測データを集めて予想している。

天気予報をするには、たくさんの情報が必要なんです

それでも、天気予報はかならず当たるというわけではないんですけどね（→ 84 ページ）

これがヒミツ！

①地上でも宇宙でも、データを集める
天気予報をするためにまず必要なのが、観測データの収集です。気象庁は、全国の気象台（→ 319 ページ）など、およそ 160 か所に観測機器を設置して、データを集めています。ほかにも、気象レーダー（→ 158 ページ）やアメダス（→ 165 ページ）、気象衛星ひまわり（→ 222 ページ）なども観測に利用されています。

②スーパーコンピューターで解析する
大量に集められた観測データは、気象庁専用のスーパーコンピューターで解析します。この解析によって、未来の天気を予測します。ただし、スーパーコンピューターも万能ではありません。とつぜんの大雨などを予想するのは得意ではないため、予報官（→ 378 ページ）の知識や経験も反映させて、天気予報をつくります。

③気象庁から気象台へと伝わる
気象庁のスーパーコンピューターや予報官がつくった全体的な天気予報が各地の気象台へと伝わり、地形や地域の特徴を考えに入れて、各地の予報がつくられます。

10月28日

ヴィルヘルム・ビヤークネス

❓ どんな人？

現在の天気予報の手法のもとをつくった。

手法自体は、ずいぶん前からあったんです

こんなスゴイ人！

①数値予報による天気予報

現在の天気予報は、数値予報とよばれる手法でおこなわれています。これは、大気が今どんな状態かを調べ、これからどのような状態になるかを計算によって予測するものです。そのもとをつくったのが、19〜20世紀のノルウェーの科学者、ヴィルヘルム・ビヤークネスでした。

数値予報にコンピューターが使われるようになるのは、もう少しあとですね

②天気を予測するための数式

ビヤークネスは、もともとは物理学者でした。そして20世紀はじめに、物理学のさまざまな法則にもとづいて、気温や気圧、風速などの数値を入力して計算すれば、その後の大気の状態を予測できる数式をつくったのです。

③当時はまだ使えなかった

ただし、その計算がとても複雑だったので、コンピューターがなかった当時は、この式で実用的な天気予報をすることはできませんでした。

10月29日 雨・雪・雷

雨の強さには どんな種類があるの？

ギモンをカイケツ！

降水量によって5段階に分けられる。

> 5種類の強さは、どれも天気予報などで聞いたことがあるはずよ

これがヒミツ！

> 自分がいる地域の注意報や警報はチェックしておいてね

①雨の強さは5段階

気象庁が天気予報などで予報のことばとして使う雨の強さは、1時間あたりの降水量（→327ページ）によって、5種類に分類されます。

②「やや強い」から「猛烈」まで

1時間の降水量が10mm以上20mm未満は「やや強い雨」、20mm以上30mm未満は「強い雨」、30mm以上50mm未満は「はげしい雨」、50mm以上80mm未満は「非常にはげしい雨」、80mm以上は「猛烈な雨」と表現されます。

③危険なときは警戒や注意をよびかける

強い雨は、土砂くずれなどの災害を引きおこす可能性があります。そのため気象庁では、災害のおそれがあるときは大雨注意報や洪水注意報、重大な災害が起こるおそれのあるときは大雨警報や洪水警報、さらに重大な災害がおこるおそれがいちじるしく大きいときは大雨特別警報を発表して、警戒や注意をよびかけています。

10月30日

大気・風・雲

高い雲はなぜみんな同じ方向に動くの？

ギモンをカイケツ！

上空の強い西風で西から東に流されるから。

雲の動き方を注意して観察したことはあるかな？

これがヒミツ！

雲はのんびりしているようで、意外とはやく動くこともあるぞ

①日本上空には強い西風がふいている

高い雲は、上空でふいている風に流されることで動きます。日本の場合、上空ではほぼ一年中、偏西風とよばれる強い西風（→146ページ）がふいているため、上空の雲はだいたい同じ方向に、西から東へと動いていきます。

②低い空ではその高さの風に流される

一方、それほど高くない場所の雲は、その高さでふいている風に流されます。そのため、かならずしも雲は西から東に動くわけではなく、風が東から西へふいていれば、雲も東から西へ動きます。

③偏西風のはやさは新幹線なみ

偏西風は、上空の雲の動く向きだけではなく、動くスピードにもかかわっています。上空の風が強いときは、当然、雲もはやく動くからです。偏西風のスピードは、はやいときで新幹線の最高速度と同じくらいの、時速300kmほどになります。

10月31日

ふしぎな現象

台風の進路予想図ってどう見ればいいの？

ギモンをカイケツ！

いくつかの円がそれぞれ異なる情報をあらわしている。

それぞれの円の意味を正しく知っておこう

これがヒミツ！

先の時間の予測になるほど、予報円は大きくなるよ

予報円
強風域
暴風警戒域
暴風域

①風が強い範囲をあらわす暴風域と強風域

進路予想図で、台風がある場所のまわりにえがかれているふたつの円のうち、内側の円は風速が秒速25m以上の暴風域を、外側の円は風速が秒速15m以上の強風域をあらわしています。

②台風の進路をあらわす予報円

台風の進路のとちゅうにえがかれているいくつもの円は、予報円といいます。予報円は3時間、12時間、24時間おきなどに台風がたどり着く可能性がある範囲をしめしています。台風は予報円の中心を通るわけではなく、それぞれの予報円のなかのどこかを70%の確率で台風の中心が通るという意味なので、注意が必要です。

③暴風域に入る可能性がある地域もわかる

予報円全体をかこんでいる部分は、暴風警戒域といいます。これは、暴風域に入る可能性がある範囲をあらわしています。暴風域がなければ、えがかれません。

11月
<small>がつ</small>

木村耕三（きむらこうぞう）

？ どんな人？

アメダスを考案した。

> 現在の天気予報に重要な役割をはたした人です

こんなスゴイ人！

> 発案したとき、気象庁のなかには反対した人もいたようですね

①気象のデータを自動的に計測・報告

アメダス（→ 165 ページ）は気象庁が設置している、全国各地の気温、湿度、降水量といった気象にかかわるデータを自動的に計測し、1 か所に集めるしくみです。1974（昭和 49）年から使われているこのしくみを発案したのが、気象庁の職員だった木村耕三です。

②防災のためにデータを集める

アメダスができる以前は、気象の観測はすべて人の手でおこなわれていて、集められるデータの数や集めるスピードに限界がありました。木村は、できるだけ多くのデータをすばやく集めて、防災に役立てようという思いから、アメダスを発案したといいます。

③さまざまなアイデアを出した

また、木村は費用を安くおさえるために、観測したデータを送るのに電話回線を使うなどのアイデアも出しています。

秋に木の葉の色がかわるのはなぜ？

ギモンをカイケツ！
緑色のもとがなくなるから。

紅葉を見ると、「秋がきた」という実感がわくなあ

これがヒミツ！

①光合成をおこなう葉緑体

植物は太陽の光を利用して、水や二酸化炭素から、栄養分をつくり出しています。このはたらきを光合成といいます。光合成は主に、葉のなかにある葉緑体という部分でおこなわれます。

黄色の色のもとは、もともと葉のなかにあるぞ

②緑色のもとがこわれる

葉緑体には、クロロフィルという色のもとがふくまれています。葉が緑色なのは、このクロロフィルが緑色だからです。しかし、秋になるとクロロフィルがこわれてしまうため、葉の緑色はうすくなります。

③黄色と赤色はしくみがちがう

葉にはクロロフィルのほかに、黄色いカロテノイドという色のもともあります。そのため、クロロフィルが減ると、カロテノイドが多い葉は黄色になります。一方、赤いアントシアニンという色のもとがつくられて、赤くなる葉もあります。

特異日って何？

ギモンをカイケツ！
特定の天気があらわれる割合が高い日。

どれくらいの割合だと特異日になる、という決まりは特にありません

これがヒミツ！

あくまで「晴れやすい」で、かならず晴れるわけではないですよ

①特定の天気があらわれやすい
過去数十年の天気の記録から、特定の天気があらわれる割合がその前後の日とくらべてとても高かった日のことを「特異日」といいます。

②11月3日は特異日
日本で有名な特異日は10月10日（昔の体育の日）と11月3日の文化の日で、どちらも晴れの特異日として知られていました。1964年10月10日は東京オリンピックの開会式がおこなわれました。当時も観測データから「晴れやすい日」とされていたこともあり、この日が選ばれ、開会式当日は快晴だったということです。

③ずっと特異日のままとはかぎらない
これまで特定の天気があらわれやすかったからといって、その傾向が今後も同じようにつづくとはかぎりません。また、昔は特異日といわれていたけれど、今では特徴がかわってしまい、特異日とよびにくくなっている日もあります。

「夕焼けの次の日は晴れ」といわれるのはなぜ？

ギモンをカイケツ！

西の方の空に雲がないことがわかるから。

きれいな夕焼けが見られると、ラッキーな気分になるわよね

これがヒミツ！

太陽は東からのぼって、西からしずむわよ

①夕方に見られる夕焼け

夕焼けは夕方、西の地平線や水平線の近くにある太陽の光のうち、主に赤い光が空にとどくことで見られます（→368ページ）。

②西に雲があると見られない

ただし、もし遠い西の空に厚い雲があったら、夕日の赤い光はその雲にさえぎられてしまって、わたしたちの目にとどくことはないはずです。つまり、夕焼けが見られるということは、遠い西の空に雲がなく、西の方は天気がよいということでもあります。

③西の天気が東にやってくる

ふつう、天気は西から東へとうつりかわっていきます（→31ページ）。西の方の天気がよいということは、その天気がやがてわたしたちがいる東の方にもやってくるということです。そのため「夕焼けの次の日は晴れ」といわれるのです。

「豪雨」ってどんな雨のこと？

ギモンをカイケツ！
大きな災害を引きおこした大雨が豪雨とよばれる。

「豪雨」かどうかは、ふる前にはわからないの

「ゲリラ豪雨」はいってみれば、あだ名みたいなものね

これがヒミツ！

①災害が発生するおそれがある「大雨」

天気予報などで耳にする「大雨」ということばは、災害を引きおこすおそれのある雨をさします。大雨で土砂災害や浸水の被害が発生する可能性があるときは、大雨注意報や警報が出されることもあります。雨がやんだあとも、災害がおこるおそれがあるときは、そのまま注意報や警報が出つづけます。

②ちがいは災害が実際におこったか

ニュースなどでは、「豪雨」ということばも使われます。これは、大きな災害を引きおこした雨のことです。つまり、「大雨」は災害が発生する可能性がある雨、「豪雨」は実際に災害が発生した大雨、というちがいがあるのです。

③ゲリラ豪雨は「局地的大雨」

夏によく発生し、せまい範囲に短時間ふるはげしい雨を「ゲリラ雷雨」または「ゲリラ豪雨」とよぶことがあります（→350ページ）。ただし、これは正式な名前ではなく、気象庁では「局地的大雨」ということばを使います。

11月6日 大気・風・雲

飛行機雲はどうしてできるの？

ギモンをカイケツ！

飛行機が出したガスにふくまれる水蒸気が雲になるから。

> 飛行機雲のもとは、飛行機のエンジンから出ているんじゃ

これがヒミツ！

> 飛行機が飛んでいるのはふつう、地上から10kmくらいのところだぞ

①飛行機雲は雲の一種

飛行機雲のことを飛行機から出たけむりだと思っている人もいるかもしれませんが、実際はれっきとした雲の一種です。つまり、水や氷のつぶが集まってできています。飛行機雲には、大きくふたつの種類があります。

②燃料が燃えるときの水蒸気で雲ができる

ひとつ目は、水平にとぶ飛行機のうしろにあらわれる飛行機雲です。飛行機が燃料を燃やして飛ぶときには、水蒸気が排出されます。飛行機は、空の高いところを飛んでいて、まわりの気温はマイナス40℃以下ととても低いため、水蒸気が冷やされて氷のつぶができ、雲になります。

③翼によっても雲ができる

ふたつ目は、翼によってできる飛行機雲です。翼のうしろやはしで気圧が下がり、空気中の水蒸気が冷やされて雲ができることがあるのです。

ふしぎな現象

虹の色の数が国によってちがうのはなぜ？

ギモンをカイケツ！

虹の色のさかい目が、はっきりしていないから。

外国では、「七色の虹」といっても通じない場合もあるよ

これがヒミツ！

国や地域によって、色のとらえ方もちがうんだね

①さかい目がはっきりしない虹の色

虹には、さまざまな色の光がふくまれています。ただし、これらの光ははっきりと分かれているわけではなく、さかい目がはっきりしない状態になっています。

②日本では7色

さかい目がはっきりしないため、虹の色の数をはっきりと決めることはできません。そのため、多くの場合、国や地域ごとに昔から言い習わされている色の表現があります。日本では、赤、オレンジ、黄、緑、青、あい、紫の7色といわれています。

③2色であらわす国もある

虹の色は、アメリカでは赤、オレンジ、黄、緑、青、紫の6色、ドイツでは赤、黄、緑、青、紫の5色とされます。また、台湾の一部の民族では、赤、黄、紫の3色とされています。また、南アジアの一部の民族では、赤と黒の2色とされているといいます。

11月 8日(ようか)

気候・季節

熱帯や温帯って何のこと？

ギモンをカイケツ！

気候が似ている地域のまとまりをあらわすよび名。

いずれ社会科でも勉強することになるぞ

これがヒミツ！

つまり地球上のどこが熱帯で、どこが温帯かは、その地域の気候の特徴によって決まるんじゃ

①タイは熱帯、日本は温帯

「タイは熱帯の国である」といわれたり「日本は温帯にあってすごしやすい」といわれたりすることがあります。では、熱帯や温帯とは何をあらわしているのでしょうか。そのかぎをにぎるのが、気候区分というものです。

②気候の特徴をもとにグループ分け

地球上の各地域には、暑い・寒い、雨が多い・少ないなど、それぞれ異なる気候の特徴がありますが、くらべてみると、特徴が似ている場所があります。そうして、気候の特徴をもとに各地域をグループ分けするのが、気候区分の考え方です。

③基本となる5つのまとまり

気候区分で用いられる、気候が似ている地域のまとまりをあらわすよび名のなかで、最も基本的なものが5つあります。それが熱帯、温帯、冷帯（亜寒帯）、寒帯、乾燥帯です。

11月9日(ここのか) 人・できごと

ウラジミール・ペーター・ケッペン

? どんな人?
地球の気候区分のもとをつくった。

地球全体の気候について考えるなんて、すごいですねえ

こんなスゴイ人!

①地球を気候によって区分けする

地球上のさまざまな地域を、気候の特徴によって熱帯、温帯、寒帯などに分ける考え方を、気候区分といいます（→345ページ）。現在使われている気候区分のもとは、19〜20世紀の気象学者、ウラジミール・ペーター・ケッペンによって生みだされました。

植物に注目したのが画期的だったのです

②かぎをにぎるのは植物

気候区分を考えるとき、ケッペンが注目したのが、地球上の各地域の植物のようすです。つまり、生えている植物が似ている地域どうしは、気候の特徴も似ているはずだと考えたわけです。

③ふたつの要素をもとに作成

そうして、世界各地の樹木のようすと、気温や降水量の観測結果の両方をもとに、「ケッペンの気候区分」を完成させました。

column 06

気候区分

重要ワード

日本は一般的に、北海道が冷帯（亜寒帯）気候、それ以外の地域が温帯気候であるといわれているぞ

これだけでわかる！ 3POINT

❶ ケッペンは世界の各地域の気候を特徴ごとに分類した。

❷ それにあたって参考にしたのは、植物のようすだった。

❸ 基本となる分類は、ぜんぶで5つに分かれる。

ケッペンによる基本的な気候区分

植物のようす	名前	特徴
樹木がある	熱帯気候	一年で最も寒い月の月平均気温が18℃以上
	温帯気候	一年で最も寒い月の月平均気温がマイナス3℃以上18℃未満
	冷帯（亜寒帯）気候	一年で最も寒い月の月平均気温がマイナス3℃未満で、一年で最もあたたかい月の月平均気温が月平均気温が10℃以上
樹木がない	寒帯気候	一年で最もあたたかい月の月平均気温が10℃未満
	乾燥帯気候	雨が少ないために植物が育たない

ここであげたのは最も基本的な区分で、実際にはそれぞれがさらに細かく分けられるよ。たとえば、熱帯気候は熱帯雨林気候とサバナ気候に、乾燥帯気候はステップ気候と砂漠気候に分けられるんだ

月が赤く見えることがあるのはなぜ？

ギモンをカイケツ！

空気のなかを通るときに赤い光が多く残るから。

月は太陽とちがって、自分でかがやくことはできないのよね

これがヒミツ！

①月の光は弱い太陽の光

月は、太陽の光を反射することで光っています。つまり、月からとどく光は、反射した太陽の光です。この太陽の光は、さまざまな色の光がまじってできています。

赤以外の色の光は、とちゅうで散らばってしまうよ

②高い場所では白っぽい黄色

月の光は、空気のなかを通るとき、空気のつぶで少しずつ散らばっていきます。ただ、月が高い場所にあるときは、空気のなかを通る距離が短いためにあまり散らばらず、白っぽいままです。

③低い場所にあると赤くなる

一方、低い場所にある月の光は、空気のなかを通る距離が長いために、最も散らばりにくい赤い光以外は、あまり目にとどきません。そのため、赤く見えることがあるのです。これは、夕焼けや朝焼けが赤いのと同じしくみです（→ 368 ページ）。

木枯らし1号って何のこと?

ギモンをカイケツ!

秋から冬にかけて、はじめてふく強い北風。

冬によくある気圧のならびによっておこるんです

これがヒミツ!

東京地方と近畿地方で木枯らし1号がふくと、気象庁から発表がありますよ

①冬になると西高東低になる

冬になると、日本の西側には気圧が高いところ(高気圧)、東側の海の上には気圧が低いところ(低気圧)ができます。このような高気圧と低気圧のならび方が「西高東低」です(→370ページ)。

②西高東低になると木枯らしがふく

高気圧から風がふき出し、低気圧に風がふきこみます。そのため、冬に西高東低になると、冷たい北風(北西風)が日本にふきつけます。この北風のなかで、冬のはじめごろにふくものを「木枯らし」といいます。

③はじめてふく木枯らしが木枯らし1号

さらに木枯らしのなかでも、その年にはじめてふくものを「木枯らし1号」といいます。木枯らしという名前は、木をからしてしまうほど冷たく強い風であるということからきています。

11月12日

雨・雪・雷

ゲリラ雷雨はなぜおこるの？

ギモンをカイケツ！
太陽の熱で地面が熱せられて積乱雲が発達するから。

地面が熱くなることが関係しているの

これがヒミツ！

完全に予測はできないけれど、サインが出たら前もって備えてね

①予測がむずかしい大雨

ゲリラ雷雨（ゲリラ豪雨）は、短時間でふる大雨のひとつです。とつぜん発生することから、あらかじめ予測することがむずかしい現象です。

②発達した積乱雲がゲリラ雷雨をもたらす

ゲリラ雷雨は、夏に特によく発生します。太陽の熱によって地面近くの空気があたためられると上に向かう空気の流れが発生しやすくなり、大気の状態も不安定になりがちです（→ 182 ページ）。そのようなとき、空気が上へ下へとぐるぐる動くと、積乱雲（→ 226 ページ）が発達し、ゲリラ雷雨をもたらすのです。

③天気予報にヒントがある

ゲリラ雷雨の予測はなかなかできません。ただし、天気予報で「上空に寒気が入って大気が不安定」、「午後はところどころで雷雨」などといっていたら、ゲリラ雷雨の発生しそうな状態であるサインです。注意しておきましょう。

11月13日

大気・風・雲

長いロールケーキのような形の雲の正体は？

ギモンをカイケツ！

空気のぶつかり合いでできるロール雲。

なかなかめずらしい雲なんじゃ

これがヒミツ！

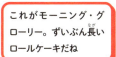

これがモーニング・グローリー。ずいぶん長いロールケーキだね

①ロールケーキのようなロール雲

それほどひんぱんに見られるものではありませんが、低い空に、長いロールケーキのような雲があらわれることがあります。このような雲はロール雲とよばれ、空気のぶつかり合いによってできることが知られています。

②ぐるぐるまわる空気

なぜこのようなふしぎな形の雲ができるのか？　そのひみつは、空気の流れにあります。実はこのロール雲のなかでは、ぶつかった空気がぐるぐるまわっていて、そのことが雲の形に影響をあたえているのです。

③オーストラリア北部でよく見られる

モーニング・グローリーとよばれる雲もあります。海から陸地に向かってふく海風と陸地から海に向かってふく陸風がぶつかるところにそって、とても長いロール状の雲ができます。オーストラリア北部でよく観測される雲です。

351

11月14日 ふしぎな現象

虹色をまとう人の影ができることがあるのはなぜ？

💡 ギモンをカイケツ！
水のつぶに当たった光が曲げられておこる。

ふだんの生活のなかで見られることはないかもね

ドイツのブロッケン山でよく見られたことから、この名前があるよ

🔍 これがヒミツ！

①名前は「ブロッケン現象」
高い山の上などで太陽の反対側を見たとき、雲や霧にうつった自分の影のまわりに、小さな丸い虹色の輪が見えることがあります。これをブロッケン現象といいます。影のまわりに見える虹色の光は、光輪（グローリー）とよばれます。

②太陽の光が水のつぶに当たっておこる
ブロッケン現象は、太陽の光が雲や霧のなかにある水のつぶに当たり、曲がることでおこります。ブロッケン現象をおこす水のつぶは、虹をつくる水のつぶよりも小さいという特徴があります。

③飛行機からも見えるブロッケン現象
ブロッケン現象は人の影だけでなく、太陽の反対側にある雲を飛行機から見下ろしたときにも見られる場合があります。

11月15日

気候・季節

季節は春夏秋冬以外にもあるの？

ギモンをカイケツ！

雨季や乾季などの季節がある地域もある。

日本のような四季は、世界中どこにでもあるわけではないんじゃ

これがヒミツ！

タイの場合、6月〜10月が雨季、11月〜2月が乾季、3月〜5月が暑季、というのが一般的だぞ

①日本には四季がある

地球がかたむいた状態で太陽のまわりをまわっていることが原因で、世界にはさまざまな季節が生まれます（→330ページ）。日本の季節は、春夏秋冬の四季です。四季は主に、赤道から少しはなれたあたたかい地域でみられます。

②熱帯には雨季と乾季がある

しかし、地球上の季節は春夏秋冬だけではありません。赤道に近い熱帯には、雨が多くふる雨季と、雨がふらない乾季という季節があります。これらの地域では、太陽が真上にくる時期はあたためられた空気によって雲ができやすくなり、雨季となります。一方、太陽の位置がやや低くなる時期は雲ができにくく、乾季となります。

③雨季と乾季の間の季節もある

またなかには、タイなどのように乾季と雨季の間にもうひとつ、特に暑くなる暑季という季節がある地域もあります。

11月16日

天気と生活 2

晴れた空はどうして青いの？

🔍 ギモンをカイケツ！

太陽の光にふくまれる青っぽい光が目にとどくから。

空気は無色透明なのに、空が青く見えるのはふしぎよね

🔍 これがヒミツ！

散らばった青っぽい光が、空の色として目にとどくよ

①さまざまな色の光でできた太陽の光
太陽の光には、赤やオレンジ、黄、緑、青、あい、紫など、さまざまな色の光がふくまれています。太陽の光が白っぽく見えるのは、このようにいろいろな色の光がまじり合っているからです。

②青い光は散らばりやすい
太陽の光にふくまれるいろいろな光のなかで、青っぽい光は、空気のつぶや空気中のちりなどにぶつかったとき、最初に散らばりやすいという性質があります。そのため、青っぽい光は空のあちこちで大気によって散らばり、空の色としてわたしたちの目にとどきます。

③赤っぽい光はあまり散らばらない
一方、赤っぽい光は、青っぽい光ほど散らばりやすくないので、昼間は空の色としてあまり見ることはありません。そのため、晴れた空は青く見えるのです。

11月17日

ジョン・ウィリアム・ストラット

? どんな人？

空が青い理由を解明した。

> 昔の人も、空がなぜ青いか、不思議に思っていたんですね

こんなスゴイ人！

①専門的にはレイリー散乱という

晴れた日の空が青いのは、太陽の光にふくまれる青っぽい光が大気のなかで多く散乱するからです（→354ページ）。このしくみを専門的にはレイリー散乱とよびますが、これは19〜20世紀のイギリスの科学者、ジョン・ウィリアム・ストラットが解明しました。

> ふだんはレイリーさんとよばれていたのでしょうか？

②光の散らばり方を数式で説明

ストラットは、太陽の光にふくまれるさまざまな色の光が空気などのごく小さなつぶにぶつかったときの散らばり方のちがいを研究し、数式にあらわしました。この数式で、空が青く見える理由を説明することができます。

③ストラットなのにレイリー散乱

なおストラットは、「レイリー男爵」という爵位（貴族としての称号）をもっていました。彼の発見にレイリーとつくのは、そのためです。

11月18日

天気の予測

低気圧があるとどうして天気が悪くなるの？

ギモンをカイケツ！

低気圧の中心では雲ができやすいから。

低気圧が近づいてきたら要注意ですよ

これがヒミツ！

①低気圧の中心には上昇気流が生まれている

低気圧（気圧がまわりより低い場所）の中心には、上向きの空気の流れ、上昇気流があります。上空は地上よりも気圧が低いため、上昇気流で上に移動した空気はふくらみます。そして、空気にはふくらむと温度が下がる性質があります。

ポイントは、上向きの空気の流れなんだ

②上に移動した空気は雲をつくる

空気には、目に見えない水である水蒸気（→ 285 ページ）がふくまれていますが、空気がふくむことができる水蒸気の量は、温度が低くなるほど少なくなります。そのため、低気圧の上空で空気の温度が下がると、ふくんでいられなくなった水蒸気が目に見える水や氷のつぶにかわり、たくさんの雲ができます。

③水や氷のつぶが雨になる

雲のなかの小さな水や氷のつぶは集まって雨となり、地上にふります。そのため、低気圧がある場所では天気が悪くなりやすいのです。

11月19日

雨・雪・雷

雨上がりにミミズをよく見かけるのはなぜ？

ギモンをカイケツ！
息苦しくなるから、などいくつかの説がある。

実ははっきりとはわかっていないのよね……

ミミズは、モグラの好物のひとつなのよ

これがヒミツ！

①水びたしの土のなかは苦手？

雨上がりにミミズをよく見る理由には、いくつかの説があります。ミミズはふだん、土のなかに住んでいます。雨がふると、雨水は土にしみこみます。その状態がミミズにとってはあまり好ましくないため、地面に出てくるという考えがあります。

②土のなかの空気がうすくなる？

また、土のなかの空気がうすくなるから地上に出てくるという説もあります。土のなかには、ミミズのほかにも、たくさんの微生物がすんでいます。雨がふると、微生物たちは活発になり、土のなかの空気をたくさん吸います。そのためにミミズは息苦しくなって、空気がたくさんある地上に出てくるというのです。

③モグラからにげようとしている？

ほかにも、雨つぶが地面に当たる音が天敵であるモグラが近づいてくる音に似ているため、モグラからにげようとして地上に出てくるという説などもありますが、どの説が正しいのかは、はっきりとわかっていません。

大気・風・雲

風の力で発電できるのはなぜ？

ギモンをカイケツ！
風車で風を受け、発電機を回転させるから。

風の力は、再生可能エネルギーとよばれるもののひとつだぞ

これがヒミツ！

①風の力で風車を回転させて電気をつくる
発電機は、回転の力によって電気をつくる装置です。その回転を、風の力で生みだすのが風力発電です。

②風力発電は環境にやさしい発電方法
空気があるかぎり、風がふかなくなることはありません。つまり、風力発電はエネルギー源がなくなる心配がありません。一定の風速があれば、昼も夜も電力を生みだしてくれます。また、発電するときに二酸化炭素などを発生させないので、環境にやさしい発電方法といえます。

③風の強さに左右されるなどの弱点もある
ただし、風車の回転は風の強さに左右されるので、発電が不安定になることがあります。台風などで暴風のときは、風車の羽根がこわれる危険があるので、使うことができません。また、風の強い地域でないと効率がよくないので、風車を設置する場所がかぎられるという面もあります。

風力発電用の風車のなかには、発電機が組みこまれているんだ

風　発電機

ふしぎな現象

幻日ってどんな現象？

ギモンをカイケツ！
太陽の横に光が見えること。

うっすらと雲が広がっているときにおこるよ

これがヒミツ！

①氷のつぶによってハロができる
太陽のまわりにかかったうすい雲のなかには、たくさんの氷のつぶがあり、太陽の光を折り曲げます。この氷のつぶの向きがそろっていると、太陽のまわりにさまざまな形の虹色ができます。これをハロといいます（→ 102 ページ）。

太陽の両側に見えた幻日の写真だよ

②まぼろしの太陽、幻日
太陽の真横に、とくに明るくかがやく光の点が見えることもあります。この部分は、太陽がもうひとつあるように見えるために、まぼろしの太陽、幻日とよばれます。

③太陽のように明るく見えることもある
幻日は、太陽の片側だけに見えることもあれば、両側に見えることもあります。うっすらとしか見えないことがほとんどですが、まるで太陽のように明るくかがやいて見える場合もあります。

11月22日

気候・季節

恐竜の絶滅と気候にどんな関係があるの？

ギモンをカイケツ！
恐竜の絶滅は気温の低下が原因といわれている。

あんなに強い恐竜も、気候の変化には勝てなかったんじゃ

これがヒミツ！

①きっかけはいん石？

恐竜が滅んだ本当の理由は、まだわかっていません。ただ最近では、いん石が地球に衝突したことがきっかけだという考え方が、最も広く信じられるようになっています。

メキシコには今も、このいん石の衝突のあと（クレーター）が残っているぞ

②いん石の衝突で多くのちりがまい上がった

今から6600万年前、直径十数kmもある巨大いん石が、現在のメキシコのあたりに衝突しました。このときおこった高さ1.5kmの津波は、多くの生き物を飲みこんだようです。同時に、この衝突によって、たくさんのちりが空にまい上がりました。

③太陽の光がさえぎられて気候がかわった

ちりが空をおおったことで太陽の光が地面にあまりとどかなくなり、気温は下がり、植物は育たなくなりました。その結果、植物を食べる恐竜は生きていけなくなり、ほかの恐竜も寒さで動けなくなって、滅んだといわれています。

11月23日

どうして山の天気はかわりやすいの？

ギモンをカイケツ！
上向きの空気の流れがおこりやすいから。

山と平地のちがいは、どんなところかしら？

これがヒミツ！

①登山好きにとっては常識
登山をする人の間では、「山の天気はかわりやすい」とよくいわれます。山に登ると、ついさっきまで天気がよかったはずなのに、とつぜん雨がふってくるというようなことが、よくあるのです。

②山の斜面をのぼる空気
山には斜面があり、空気がそれにそって移動することで、しばしば上向きの空気の流れ（上昇気流）が生まれます。

③空気の移動で雲のもとができる
高い場所は気圧が低いため、上昇気流によって高い場所に移動した空気はふくらみます。空気には、ふくらむと温度が下がる性質があるため、高い場所に移動した空気は温度が下がり、空気にふくまれていた水蒸気が、雲のもとである水のつぶになります。そのため、雲ができやすく、とつぜん天気が悪くなることが多いのです。

山登りをするときには、天気の変化に備えた準備が大切よ

天気の予測

天気図って何？

ギモンをカイケツ！

天気にかかわる、さまざまな要素をあらわした図。

天気図をよく見れば、日本のまわりの天気の状態がわかりますよ

これがヒミツ！

実際の天気図はこういうものだよ。

（気象庁提供）

①ただの地図ではない

新聞やテレビ、インターネットなどで天気予報を見ると、かならずといってよいほど、天気図とよばれる図が登場します。一見、単なる日本のまわりの地図のようにも見えますが、実はそうではありません。

②多くの情報がつまっている

天気図は、ある特定の時刻の広い範囲の気圧、気温、風向き、風の強さなどを数字や記号を使ってあらわしたものです。高気圧や低気圧、台風、天気や風の強さなどをしめす記号には、ルールがあります（→121ページ）。

③種類はいろいろある

わたしたちがふだん目にする天気図は、地上付近のようすをしめした地上天気図ですが、これとはべつに、上空のようすをしめす高層天気図というものもあります。また、えがかれる範囲がもっと広い天気図もつくられています。

11月25日 人・できごと

ハインリヒ・ブランデス

？ どんな人？
世界ではじめて天気図をつくった。

天気図がなければ、天気予報もできませんからね

こんなスゴイ人！

①ドイツの気象学者

過去のことを調べて、当時の天気図をつくったわけですね

天気図は、同じ時刻にさまざまな場所で観測された天気にかかわる情報を、地図の上にあらわしたものです。これを世界ではじめてつくったのが、18〜19世紀のドイツの気象学者である、ハインリヒ・ブランデスという人物でした。

②広い範囲の情報を集めた

ブランデスは、1783年にドイツではげしい嵐が発生したときのヨーロッパ各地の気温や気圧、風のようすなどを調べて地図の上にあらわし、1820年に発表しました。これが、天気図のはじまりといわれています。

③科学的な天気予報の基礎

こうして完成した天気図は、やがて科学的な天気予報に欠かせないものとして利用されるようになっていきました。

11月26日

雨・雪・雷

シャボン玉で遊ぶなら雨の日がよいといわれるのはなぜ？

ギモンをカイケツ！
シャボン玉が割れにくい条件がそろっているから。

みんなは雨の日にシャボン玉で遊んだことはある？

これがヒミツ！

「蒸発」は、水が目には見えない水蒸気（→285ページ）という気体になることよ

①シャボン玉が割れる理由

シャボン玉をつくるときに使うシャボン液の成分は、ほとんどが水です。シャボン玉が割れるのは、膜の水分が蒸発して、膜に穴が空いてしまうからです。

②雨の日は空気中の水分が多い

雨の日は、じめじめしているように感じます。これは、湿度（→204ページ）が高い、つまり空気中の水分が多いからです。このようなときは、膜の水分が蒸発しにくくなり、シャボン玉が割れにくくなるのです。

③雨がじゃまなものを洗い流す

またシャボン玉は、空気中をただよっているちりやほこりとぶつかったときに、膜に穴が開いて割れることもあるのですが、雨はそうした空気中のじゃまなものを洗い流してくれます。だから、シャボン玉で遊ぶなら雨の日がよいといわれているのです。

11月27日

天気と生活 2

「山に笠雲がかかると雨」といわれるのはなぜ？

ギモンをカイケツ！

笠雲は空気中の水分が多くなったときにできるから。

近くに山がある人は、注意しておくといいかもね

これがヒミツ！

ちゃんと理由があったのね

①山の斜面をのぼった空気はふくらむ

山には斜面があり、空気がそれにそって移動することで、しばしば上向きの空気の流れ（上昇気流）が生まれます。高い場所は気圧が低いため、上昇気流によって高い場所に移動した空気はふくらみます。

②ふくらんだ空気は温度が下がる

空気には、ふくらむと温度が下がる性質があるため、高い場所に移動した空気は温度が下がり、空気にふくまれていた水蒸気が、雲のもとである水のつぶになります。そうして山の頂上付近にできる雲が、笠雲です。

③笠雲ができるのは空気中の水分が多い証拠

つまり、笠雲ができるということは、空気中の水分が多くなっているということで、雨がふりやすいということでもあります。そのため「山に笠雲がかかると雨がふる」といわれるのです。

11月28日

ふしぎな現象

ダブルレインボーってどんな現象？

ギモンをカイケツ！

虹が二重に見えること。

見られるチャンスは、ふつうの虹にくらべると少ないよ

主虹は赤がいちばん外、紫がいちばん内側。副虹は反対に紫がいちばん外、赤がいちばん内側になるよ

これがヒミツ！

①虹のでき方には2種類ある

太陽の光が空気中の水のつぶに当たってはねかえったり折れ曲がったりすると、虹ができます（→41ページ）。このときのはねかえり方や折れ曲がり方には、実は2種類あります。

②内側にできる主虹と外側にできる副虹

水のつぶのなかで、太陽の光が1回はねかえってできる虹は、主虹とよばれます。一方、太陽の光が2回はねかえってできる虹もあり、これは副虹とよばれます。副虹は主虹の外側にでき、主虹よりもずっと暗いのが特徴です。さらに、副虹の色のならび方は、主虹と反対になります。

③主虹と副虹でダブルレインボー

光が2回はねかえってできる副虹は、暗すぎて見えないことも多いのですが、太陽の光が強ければ、はっきりと見えます。この主虹と副虹からなる虹が、ダブルレインボーなのです。雨の水滴が多く、太陽の光が強いときに見られます。

11月29日 気候・季節

南極や北極はどうしてあんなに氷だらけなの？

ギモンをカイケツ！
太陽の光が低い位置からしか当たらないから。

南極や北極では、太陽が頭の上の方にくるということはないんじゃ

これがヒミツ！

北極では真夏でも、太陽が低い位置までしかのぼらない

太陽の光

①ななめから当たる光はあたためる力が弱い
地球は丸いため、太陽の光は赤道付近では真上に近い位置から、北極や南極付近では、低い位置から当たります。低い位置から当たる光は、地面をあたためる力が弱くなります。また、太陽の光が当たらない時期もあります。

②白い氷が光をはねかえす
地面があたたまりにくい南極や北極は、気温が下がり、表面がまっ白な氷におおわれます。すると、白い氷が太陽の光をはねかえすことで、さらに地面があたたまりにくくなります。こうして、さらに氷が増えていったのです。

③南極と北極の氷のちがい
大陸である南極の氷は、ふり積もった雪が氷となった「氷床」で、厚みは2000mをこえています。それに対して、海である北極の氷は海水がこおった「海氷」で、厚みは数mほどしかありません。

11月30日

天気と生活 2

夕方の空が赤いのは どうして？

ギモンをカイケツ！

太陽の光が大気のなかを通る距離が長いから。

昼間と夕方では、太陽の位置がちがうからね

これがヒミツ！

①太陽の光にはいろいろな色がまじり合っている

太陽の光には、赤やオレンジ、黄、緑、青、あい、紫など、さまざまな色の光がふくまれています。太陽の光が白っぽく見えるのは、このようにいろいろな色の光がまじり合っているからです。

②空気のなかで散らばる光

太陽の光にふくまれるいろいろな光は、地球をとりまく大気のなかを通るとき、空気のつぶにぶつかると、少しずつ散らばってしまいます。ただし、このときの散らばりやすさは、光の色によってちがいます。

③赤っぽい光は散らばりにくい

太陽が低い位置にある夕方は、太陽の光が大気のなかを通る距離が長くなります。このとき、最も散らばりにくい性質をもつ赤っぽい光が多くわたしたちの目にとどくため、夕方の空は赤く見えます。

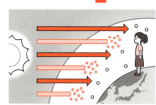

長く大気のなかを通ってもあまり散らばらない赤っぽい光が多く目にとどくよ

12月
がつ

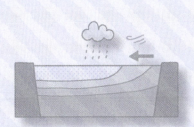

「せいこうとうてい」ってどういうこと？

ギモンをカイケツ！

日本の西側の気圧が高く、東側の気圧が低い状態。

冬の天気予報で、ときどき聞くことがあるはずですよ

これがヒミツ！

実際の天気図で見ると、たとえばこのようになるよ

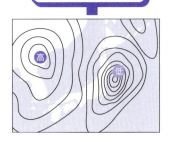

①西の気圧が高く東の気圧が低い西高東低

日本の西側に気圧が高いところ（高気圧）があり、反対に東側に気圧が低いところ（低気圧）がある状態を「西高東低」といいます。このような気圧配置（高気圧と低気圧のならび方）は、冬に多いため「冬型の気圧配置」といわれることがあります。

②冷たい北風がふく

高気圧からは風がふき出し、低気圧には風がふきこみます。そのため、西高東低の気圧配置になると、西の高気圧から東の低気圧に向かって、冷たい北風（北西風）がふきこみます。

③大量の雪がふる

このとき、冷たい北風の影響で、日本では気温がとても下がります。また、日本海側では大量の雪がふることが多くなります。

平賀源内

? どんな人？
日本ではじめて温度計をつくった。

江戸時代にはもう、日本にも温度計があったんです

目盛りには華氏（→159ページ）が使われていました

こんなスゴイ人！

①江戸時代の発明家
温度計には、16世紀にガリレオ・ガリレイ（→34ページ）が最初につくって以来、多くの科学者たちが改良を重ねてきた歴史があります。日本では、江戸時代に平賀源内という発明家が最初に温度計をつくったといわれています。

②オランダの温度計がヒント
平賀源内は、オランダでつくられた温度計を参考に、同じようなしくみをもつ装置をつくり、「日本創製寒熱昇降器」と名づけました。残念ながら実物は残っていませんが、原理としては現在のガラス管温度計（→33ページ）と同じようなものだったと考えられています。

③さまざまな才能をもっていた
温度計以外にも、平賀源内は燃えない布である「火浣布（石綿、アスベスト）」をはじめとする、さまざまな道具を生みだしました。また、文学や絵画にも才能を発揮したと伝えられています。

豪雪地帯ってどんな場所?

ギモンをカイケツ!

法律で定められた、冬に雪が大量に積もる場所。

法律で決められているなんて、ちょっと意外よね

これがヒミツ!

①日本の約51%は豪雪地帯

豪雪地帯は、豪雪地帯対策特別措置法という法律で定められた、冬に雪が大量に積もる場所です。実は日本の国土のおよそ半分は、豪雪地帯となっています。

②10道県は全域が豪雪地帯

47都道府県のなかには、全体が豪雪地帯となっているところもあります。それが、北海道、青森県、岩手県、秋田県、山形県、新潟県、富山県、石川県、福井県、鳥取県で、日本海側に多いのが特徴です。

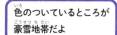

色のついているところが豪雪地帯だよ

③雪から人々の生活を守る

豪雪地帯では、雪によって、産業の発展や人々の生活に影響が出ることがあるため、国や地方公共団体などがさまざまな対策をしています。最近では、雪をいかした地域づくりや、雪のエネルギー活用なども考えられています。

「〇〇おろし」ってどんな風？

ギモンをカイケツ！
冬に山からふき下ろす局地風の一種。

名前のとおり、山の上からふき下ろすんじゃ

赤城山は群馬県、筑波山は茨城県、六甲山は兵庫県、那須岳は栃木県にあるぞ

これがヒミツ！

①決まった場所でふく局地風

地形などの影響を受けて、ある地域だけでふく風のことを局地風といいます。そのなかでも、冬に山からふき下ろす風のことを「〇〇おろし」といいます。〇〇には赤城おろし、筑波おろし、六甲おろし、那須おろしなど、山の名前が入ります。

②「〇〇おろし」はボラ型の局地風

局地風には、フェーン型とボラ型があります。フェーン型の場合、風が山をこえて斜面にそっておりていくときに、おりた先で気温が高くなります（→ 189 ページ）。ボラ型は反対に、下りた先でも気温が低く、「〇〇おろし」はボラ型の局地風ということになります。

③谷や峡谷のなか、または出口でふくギャップ風

局地風には、「〇〇おろし」以外にもギャップ風というものもあります。これは、標高の高い地形の間にはさまれた、谷や峡谷、海峡などのなか、または出口でふく強い風のことです。

ふしぎな現象

島がういているように見えることがあるのはなぜ？

ギモンをカイケツ！

この現象には「浮島現象」という名前がついているよ

光が折れ曲がることで、実際の景色の下にさかさまの景色が見えるから。

これがヒミツ！

①光は空気のさかい目で折れ曲がる

光には、温度のちがう空気のさかい目を通るとき、あたたかい空気の方から冷たい空気の方へ折れ曲がるという性質があります。

②光が上向きに折れ曲がる

そのため、あたたかい空気の上に冷たい空気が流れこんでいる場所では、空気のさかい目にとどいた光は、上向きに折れ曲がってわたしたちの目にとどくことになるのです。

島が海からういているのがわかるかな？

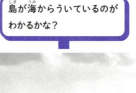

③下位しんきろうで島がういて見える

すると、わたしたちの目には、実際の景色の下にさかさまの景色が見えます。これを下位しんきろうといいます。下位しんきろうによって、遠くの方にある島がうかんで見えるのが、浮島現象です。なお、冷たい空気の上にあたたかい空気がある場合には、上位しんきろうが発生することがあります（→ 117 ページ）。

12月6日 冬に静電気がおこりやすいのはなぜ？

ギモンをカイケツ！

空気がかわいているから。

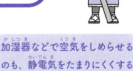

静電気がおこると、意外と痛いぞ

これがヒミツ！

①ものをこすり合わせると生まれる静電気

わたしたちの身のまわりのものは、こすり合わせると電気をおびます。このように、ものとものをこすり合わせることで生まれる電気を静電気といいます。

②ドアにさわるとバチっとするのも静電気

静電気は、からだと着ている服がこすれ合うことなどでも生まれます。冬にドアのとっ手などの金属をさわったときにバチっとするのは、からだと服がこすれ合って、知らないうちに生まれていた静電気が、手ととっ手の間を移動することが原因です。

③静電気はかわいているとおこりやすい

静電気は、まわりに水分があるといつの間にかにげてしまいますが、空気がかわいていると、にげることができません。そのため、空気がかわきやすい冬に静電気がたまりやすいのです。また、冬は服を何枚も重ね着するため、布どうしがこすれて静電気が生まれやすいのも、理由のひとつです。

加湿器などで空気をしめらせるのも、静電気をたまりにくくする方法のひとつじゃな

「カメムシが多いと雪が多い」といわれるのはなぜ？

ギモンをカイケツ！
カメムシが家のなかで集団で冬をこすから。

カメムシは、くさいにおいを出すことでも有名よね

これがヒミツ！

家のなかでたくさんのカメムシを見つけたら、冬のできごととして印象に残りそうだものね

①科学的には証明されていない
日本海側の雪の多い地域などでは、「カメムシが多い年は大雪」といわれることがあります。しかし、これが本当のことかどうかは、実は科学的に証明されていません。

②集団で冬をこすカメムシ
多くのカメムシは成虫のまま、集団で冬をこします。場所は木の穴などが多いのですが、寒い地域では家のなかに入りこんで、壁のすき間などで冬をこすこともあります。

③ふたつのことがらが結びついた？
そのため「雪が多い」ことと「冬にたくさんのカメムシが見られる」ことが結びつけられて、「カメムシが多い年は雪が多い」といわれるようになったのではないかと考えられています。

12月 8日(ようか)

人・できごと

日本で1941年にとつぜん天気予報がなくなったのはなぜ？

クイズ
1. 気象台の観測機器がこわれたから。
2. 気象台の職員が全員やめてしまったから。
3. 戦争がはじまったから。

➡ こたえ ③ アメリカとの戦争がはじまったときに発表されなくなった。

とつぜん天気予報がなくなって、みんなこまったでしょうね……

これがヒミツ！

天気予報にも、こんな悲しい歴史があったのです

①まる3年以上、天気予報がなかった
現在、毎日天気予報を知ることができるのは当たり前ですが、実は日本の歴史のなかでは、そうではなかった時期もありました。それは、日本がアメリカと戦争をしていた1941（昭和16）年12月～1945（昭和20）年の8月の間です。

②敵に情報をあたえないために
戦争中は、天気予報が非常に重要な要素です。たとえば、飛行機を使って爆弾を落とそうとするとき、その計画を立てるには正確な天気予報が必要です。そこで当時の日本は、天気の情報を敵に知られないよう、当時あった新聞とラジオでの天気予報を、戦争がはじまった1941（昭和16）年12月8日に、やめたのです。

③終戦直後に再開
その後、日本はアメリカにやぶれ、1945年8月15日に戦争が終わりました。それから1週間後の8月22日に、ラジオでの天気予報は再開されたといいます。

12月9日 気象予報士と予報官って何がちがうの？

天気の予測

ギモンをカイケツ！
予報官は気象庁ではたらく人。

警察官と同じで「官」がつくのがポイントですね

これがヒミツ！

気象庁の天気予報には、予報官の経験もいかされます（→332ページ）

①おなじみの気象予報士

「気象予報士」は、みなさんもテレビの天気予報などでよく耳にすることばでしょう。気象庁が発表するデータをもとに天気予報をする仕事（→180ページ）で、またその仕事をするために必要な資格の名前でもあります（→269ページ）。

②気象庁ではたらく予報官

一方の「予報官」は、名前は似ていますが、気象庁（→128ページ）のなかではたらく人の役職のことです。天気予報をおこなうという点では同じといえるかもしれませんが、立場は気象予報士とちがいます。

③知識と経験をいかす

ただし、気象庁ではたらく人がだれでも予報官になれるわけではありません。必要な研修を受け、長く天気予報に関する仕事をつづけて、経験を積んだ人だけがつける仕事です。

雪が引きおこすホワイトアウトってどんな現象？

❓ クイズ

1. 雪で、まわりが何も見えないほどまっ白になること。
2. ひとつのまちが雪で完全にうもれてしまうこと。
3. 雪のなか、かさをささずに歩いて髪の毛がまっ白になること。

➡ こたえ ① 大雪と強い風で、まわりが見えなくなるのがホワイトアウト。

自動車を運転しているときなどにおこったら危険な現象なのよ

万が一、車に乗っていてホワイトアウトがおこったら、安全な場所にいったん停車して！

🔍 これがヒミツ！

①冬に台風なみの強い風

日本海の海上では、南のあたたかい空気と北の冷たい空気が出合って温帯低気圧ができます。この温帯低気圧が急速に発達したものは爆弾低気圧（→95ページ）とよばれることがあり、台風のような強い風が広い範囲でふくことがあります。

②吹雪で前が見えなくなる

温帯低気圧が急速に発達すると、大雪がふったり強い風がふいたりします。台風なみの強い風がふいている状態で雪がふったり、積もった雪が強い風で巻き上げられると、雪であたりが何も見えないほどまっ白になります。これがホワイトアウトとよばれる現象です。

③平らな道路などは要注意

ホワイトアウトは晴れていても、風が強ければおこる可能性があります。まわりが開けた平らな道路、峠道、路肩に積雪がある道路などでホワイトアウトがおこりやすいので、注意が必要です。

ロケット雲ってどんな雲？

💡 ギモンをカイケツ！
ロケットによってできる雲。

雲のなかでもちょっと特殊なんじゃ

🔍 これがヒミツ！

鹿児島県には、2か所のロケット打ち上げ施設があるぞ

①高い空までつづく
ロケット雲は名前のとおり、ロケットが原因でできる雲です。打ち上げのときから白い雲をつくり、高い空までつづきます。

②ロケットは雲の材料を出す
雲は、上空で水蒸気が冷やされてできた、小さな水や氷のつぶの集まりです。氷のつぶは、エアロゾルとよばれる目に見えないほど小さなちりが芯となってできます。ロケットはとぶときにガスやちりを出し、これが雲をつくる材料になるので、ロケット雲が発生します。

③遠くからでも見える
ロケット雲は、遠くはなれた場所からも見ることができます。実際に、鹿児島県で打ち上げられたロケットによるロケット雲が、夜間に東海地方や関東地方でも観測されています。

12月12日

ふしぎな現象

霧が河口に流れ出すことがあるのはなぜ？

ギモンをカイケツ！

水蒸気が冷やされてできた霧が、風に乗って流れるから。

秋から春の寒い日におこる現象だよ

これがヒミツ！

①水蒸気をふくむ空気が冷やされる

寒い冬の朝、冷えた空気が川の上に流れこむと、水蒸気を多くふくんだ川の上の空気が、流れこんだ空気によって冷やされます。

②水蒸気が冷やされて霧ができる

これが肱川あらし。何だか幻想的な光景だね

水蒸気は、冷やされると小さな水のつぶになり、霧をつくります。このような霧は、海に向かってふく風に乗り、河口へといきおいよく流れることがあるのです。このような現象は蒸気霧とよばれます。また、海で発生する場合には「けあらし」といわれることもあります。

③はげしい霧の流れとして知られる肱川あらし

愛媛県を流れる肱川で見られる霧のはげしい流れは、肱川あらしとして特によく知られています。

12月13日

気候・季節

エルニーニョ現象が おこるとどうなるの？

ギモンをカイケツ！

太平洋の赤道近くで あたたかい海水が西側に 集まらなくなる。

日本のまわりでおこる現象ではないぞ

これがヒミツ！

地図でいうと、ペルーとインドネシアの間あたりの海でおこるよ

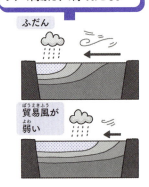

ふだん

貿易風が弱い

①ふだんはあたたかい海水が西側に集まる

赤道の近くでは、一年を通じて貿易風という東風がふいています（→146ページ）。太平洋の赤道近くの表面にあるあたたかい海水は、この風で太平洋の西側に集まります。するとそのまわりでは、あたたかい海水の影響で、雨をふらせる積乱雲（→226ページ）や台風が生まれやすくなります。

②東風が弱まるとおこるエルニーニョ現象

ところが、貿易風が弱まる年は、あたたかい海水が西側に集まらず、積乱雲や台風ができやすい場所が東側にずれます。これをエルニーニョ現象といいます。

③日本とも無関係ではない

エルニーニョ現象がおこると、太平洋高気圧（→138ページ）が弱くなるため、日本では冷夏（→250ページ）になりやすくなります。

12月14日

天気と生活 2

太陽光発電はくもりでも電気をつくれるの？

ギモンをカイケツ！

つくれるけれど、電気の量は少なくなる。

天気は毎日晴ればかりというわけにはいかないものね

これがヒミツ！

生みだせる電気は、くもりだと晴れの3分の1〜10分の1、雨だと5分の1〜10分の1くらいになるといわれているわ

①屋根の上のソーラーパネル

最近は、屋根の上に黒っぽい板のようなものがついている家が増えてきました。これは、ソーラーパネルといって、太陽の光をもとに電気を生みだす太陽光発電のための装置です。

②太陽光発電のしくみ

ソーラーパネルの主な材料は、半導体（条件によって電気を通したり通さなかったりする物質）というものです。性質の異なる2種類の半導体を組み合わせることで、太陽の光が当たると電気が流れるしくみになっています。

③くもりでも太陽の光はとどいている

くもりや雨の日でも、昼は夜のように暗くなることはありません。それは、太陽の光が少しとどいているからです。つまり、くもりや雨の日でも太陽光発電はおこなえます。ただし、生みだせる電気は晴れのときより少なくなってしまいます。

12月15日 昔の人はどうやって天気を予測していたの？

天気の予測

ギモンをカイケツ！
空や生き物のようすなどを観察した。

日本で天気予報がはじまったのは明治時代です（→178ページ）

これがヒミツ！

①天気予報がなかった昔の生活
わたしたちは毎日、天気予報を見て、着る服を決めたり、予定を立てたりすることができます。しかし、天気予報ができる前は、未来の天気がどうなるか、だれかが教えてくれるということはありませんでした。

この本のなかでも、受けつがれてきた観天望気をいくつか紹介していますよ

②昔はもっと重要だった？
ただ、昔の人が天気を気にせずにくらしていたわけではありません。昔は農業や漁業などを仕事にする人が多かったので、むしろ天気の予測はわたしたちにとってよりも大事だったはずです。

③経験と観察をもとに天気を予想
そこで昔の人は、空やまわりの生き物のようすを見て、「こういうことがおこったら、こういう天気になる」と、経験をもとに天気を予想していました。その内容は観天望気とよばれ、ことわざのような形で昔から受けつがれていたのです。

クリストファー・コロンブス

どんな人？

風を利用してアメリカ大陸に到達した。

当時の船は、帆に風を受けないと進めなかったんです

こんなスゴイ人！

これがコロンブスがたどったルートだよ

①ヨーロッパからインドをめざした

コロンブスは、ヨーロッパ人ではじめてアメリカ大陸に到達した航海家です。1492年8月、ヨーロッパから西まわりでインドに行くことをめざして出発した船は、2か月ほどで現在のバハマにたどり着きました。

②南へ向かったコロンブス

コロンブスの味方をしたのは貿易風（→146ページ）です。出港後、コロンブスは貿易風がふいているあたりまで南下する針路をとりました。そして東よりの風である貿易風に乗って、一気にアメリカ大陸へと近づいていったのです。

③もし真西へ向かっていたら

実はポルトガルがあるあたりは、ちょうど偏西風がふくところにあたります。もし真西へ向かっていたら、コロンブスは西よりの風にはばまれて、アメリカにはたどり着けなかったかもしれません。

12月17日 雨・雪・雷

雪道を歩くときはどんなことに気をつければいいの？

💡 ギモンをカイケツ！

歩き方、危険な場所、くつの選び方に気をつける。

自分の身を守るために気をつけるべきことが、いろいろあるわよ

すべりやすい場所では、あせらずゆっくり歩くことを心がけてね

🔍 これがヒミツ！

①小さな歩はばですり足で歩こう

すべりにくい歩き方のポイントは、「小さな歩はばで歩くこと」と「くつの裏全体をつけて歩くこと」です。歩はばが大きいと足を大きく上げなければならず、からだのゆれで転びやすくなります。また、こおった道では、くつの裏全体を地面につけることを意識しながら、体重をかけて、すり足で歩くと効果的です。

②あぶない場所を知っておこう

自分が歩く範囲で、すべりやすい場所を知っておくことも大切です。横断歩道、自動車の出入りがある歩道、バスやタクシーの乗り場などは、雪がふみかためられて、すべりやすくなりがちです。

③すべりにくいくつを選ぼう

くつの選び方も、重要なポイントです。底にピンや金具がついていたり、深いみぞがあったりするのが、すべりにくいくつです。また、ゴム底のくつの場合、ゴムがやわらかいものを選ぶとよいでしょう。

12月18日 大気・風・雲

雲海はどうしてできるの？

ギモンをカイケツ！

盆地で放射霧によってできることが多い。

とても神秘的だが、いつでも見られるわけではないぞ

これがヒミツ！

雲海が発生すると、山の上にある城が「天空の城」に見えることがあるよ

①雲が海のように広がる

雲海とは、山の上などの高いところから見下ろしたとき、層状の雲が広がって、海のように見える状態のことです。雲海になりやすいのは2000m以下の空にできる層雲や層積雲という雲です。

②風が弱く晴れた夜の霧で雲海があらわれる

風が弱く晴れた夜は、地面から宇宙に熱がにげて気温が下がります。すると、地面付近の空気にふくまれる水蒸気が水のつぶにかわって放射霧とよばれる霧が発生します。盆地で発生する雲海の多くは、この放射霧によるものです。

③見られるかは天気予報でチェック

天気予報をチェックして、①前日に濃霧注意報、②雨上がりの翌朝に「晴れ」「ほぼ無風」の予報、③すき間のない雲が出ている、という3つの条件がそろっている日は、雲海を見られる可能性があります。

12月19日 ふしぎな現象

つららはなぜできるの？

💡 ギモンをカイケツ！

屋根などからしたたる水がこおることでできる。

時間をかけて、少しずつつくられていくものなんだ

🔍 これがヒミツ！

滝がこおると、このようになるよ

①したたっている水がこおりつく

屋根などから水が少しずつしたたっているときに気温が下がると、その水がしたたり落ちる前にこおりつくことがあります。この場合には、つづいて流れてきた水も、氷のもっとも下の部分で、したたり落ちる前にこおりつきます。

②こおりながらのびていくとつららになる

このようなことがくりかえされると、氷の棒が下に向かってどんどんのびていきます。そうしてできるのが、つららです。漢字では「氷柱」と書きます。

③滝にできることもある

つららは、寒い地域では長さが数mになることもあります。また、屋根だけではなく、水が流れている寒い場所ならできるため、場合によっては同じようなしくみで滝がこおることもあります。これを氷瀑といいます。

12月20日(はつか) 気候・季節

冬至や夏至ってどんな意味があるの？

ギモンをカイケツ！

夜が最も長い日が冬至、昼が最も長い日が夏至。

カレンダーなどにも書いてあるぞ

冬至にユズをうかべたお風呂に入ると、かぜをひかないといわれるんじゃ

これがヒミツ！

① 2通りのまわり方をする地球

地球は一日に1回、北極と南極を結ぶ軸を中心に、こまのように回転しています。これを自転といいます。また同時に、一年かかって太陽のまわりを1周してもいます。これを公転といいます。

② 太陽の位置が変化する

地球の自転の軸は、公転の面に直角な方向に対して、約23°かたむいています。そのため、日本では6月ごろに太陽の位置が最も高くなり、逆に12月ごろには太陽の位置が最も低くなります。

③ 正反対の冬至と夏至

12月の下旬に、太陽の位置が最も低く、かつ、太陽が出ている時間が最も短くなり、一年でいちばん夜が長い日があります。これが冬至です。一方、6月下旬にある、太陽の位置が最も高くなる日は、昼が一年で最も長い夏至となります。

12月 21日

天気と生活 2

「飛行機雲がすぐ消えると晴れ」といわれるのはなぜ？

💡 ギモンをカイケツ！

空気がかわいている証拠だから。

飛行機雲を見つけたら、そのまましばらく観察してみよう

🔍 これがヒミツ！

①飛行機雲ができる理由その1

飛行機（ジェット機）は、高温のガスをうしろ向きにふき出すことで進みます。このガスにふくまれている水蒸気が、上空の冷たい空気で冷やされると水や氷のつぶになり、飛行機雲をつくります（→ 343ページ）。

②飛行機雲ができる理由その2

また、飛行機のつばさのはしやうしろ側は気圧が低くなっています。そのため、そこで空気がふくらむことで温度が下がり、空気にふくまれている水蒸気が水や氷のつぶになることでも、飛行機雲がつくられます。

③空気がかわいていると飛行機雲はすぐに消える

まわりの空気がかわいていると、水や氷はすぐに目に見えない水蒸気になるので、飛行機雲は消えてしまいます。もしそうならば、飛行機雲以外の雲もできにくく、天気が悪くなる可能性は低いといえます。

せっかく見つけたのにすぐ消えてしまったら、ちょっと残念だけど……

「冬将軍」って何?

ギモンをカイケツ!

冬のきびしい寒さのこと。

ずいぶん強そうな名前ですよね

これがヒミツ!

①冬の天気予報で活躍する冬将軍

冬になると、天気予報などで「冬将軍」という言葉を耳にすることがあります。ただし、そういう役職の人がどこかにいるわけではありません。

②正体は日本にやってきた冷たい空気

冬になると、中国の北にあるシベリア気団という冷たい空気のかたまりが日本付近にやってきます。すると、日本付近はこの気団によって気温が下がり、とても寒くなります。冬将軍とは、日本付近にやってきた、このシベリア気団がもたらす寒さをあらわすことばです。

③皇帝を負かした冬将軍

今から200年以上前、フランスの皇帝、ナポレオンがひきいる軍がロシアに攻めこみましたが、寒さのために戦うことができなくなりました。このとき「ナポレオンが冬将軍に負けた」といわれたのがはじまりだといわれています。

「冬将軍到来」なんていうこともあります

12月23日

人・できごと

ナポレオン・ボナパルト

❓ どんな人？

**冬将軍にやぶれた
フランスの皇帝。**

「ナポレオン1世」と
いわれることもあります

💡 こんなスゴイ人！

冬将軍に運命を左右され
たともいえますね

①「わたしの辞書に不可能という文字はない」

ナポレオン・ボナパルトは18〜19世紀のフランスの軍人で、一時は皇帝の座にもついた人物です。「わたしの辞書に不可能という文字はない」ということばを残したことでも知られています。

②冬将軍にやぶれ皇帝の座を追われる

ナポレオンは皇帝だった1812年、大軍をひきいてロシアへと攻めこみました。しかし冬に入ると、ロシアのきびしい寒さがフランス軍の兵士たちをおそい、ナポレオンは退却せざるを得なくなります。この敗北で国内での影響力をうしなったナポレオンは、その後、皇帝の座を追われることとなりました。

③もともとは「霜将軍」だった

このできごとを報じるときにイギリスの新聞が用いた「ジェネラル・フロスト（霜将軍）」ということばが、日本では「冬将軍」と訳され、定着したといわれています。

12月24日

雨・雪・雷

雪ってどれくらい重いの？

ギモンをカイケツ！

場合によっては1m³で500kg以上になる。

1m³は、たて1m、横1m、高さ1mの体積よ

これがヒミツ！

雪には、危険な面もあるのね

①新雪でも1m³あたり50kg以上

ふわふわと空からふってくる雪は軽そうに見えますが、積もった雪は見た目以上に重さがあります。積もったばかりの新雪でも、1m³あたりの重さは50〜150kgくらいになります。

②時間がたつともっと重くなる

しかも、積もった雪は新たにふってくる雪の重みでおしかためられるため、時間がたつにつれて、どんどん重くなります。おしかためられたあとでは、1m³で150〜300kgになることもあります。さらに、一度とけてふたたびこおった雪は、ぎゅっとつまっているので、1m³で300〜500kg以上になります。

③雪の重みによる事故に気をつけよう

これほどの重さの雪が屋根の上に積もっていれば、建物がこわれる危険もあります。そのため、雪がたくさんふる地域では屋根の雪下ろしが欠かせません。また、屋根などから落ちてきた雪による事故も毎年おこっており、注意が必要です。

12月25日

大気・風・雲

動物や人の顔に見える雲があるのはどうして？

ギモンをカイケツ！

人間の心や脳のはたらきのせい。

> 理由は雲ではなく、見ている人間の方にあるんじゃ

> 自動車を正面から見ると、どうしても顔に見えちゃうという人はいないかな。それもシミュラクラ現象だぞ

これがヒミツ！

①知っているものを思いうかべるパレイドリア現象

雲を見たとき、動物や食べ物などの形に見えたという経験はありませんか。これはパレイドリア現象というものです。実際にそこにはないのに、よく知っているものの形を思いうかべてしまうという、心理現象のひとつです。

②人の顔に見えてしまうシミュラクラ現象

また、雲が人の顔に見える現象にはシミュラクラ現象という名前がついています。これは点や線が逆三角形にならんでいるのを見ると、脳が「人の顔だ」と判断してしまう現象です。

③原因は人間の本能

木の模様などが顔に見えるのも、シミュラクラ現象で説明できます。その原因は、人間には、他人に出会ったら目を見てまず敵か味方を判断しようとする本能がそなわっているからだといわれています。

12月26日 ふしぎな現象

しぶき氷ってどんな現象？

💡 ギモンをカイケツ！

風で湖のしぶきが飛ばされて、木などにこおりつくこと。

しぶき氷は、つららの一種ということができるよ（→388ページ）

🔍 これがヒミツ！

①しぶきが木などにこおりつく

寒いときに湖や池のしぶきが風で飛ばされて木などにつくと、そのままこおることがあります。そして、これがくりかえされると、木にたくさんのつららができます。これが、しぶき氷です。

猪苗代湖には、こんな風にしぶき氷ができているよ

②条件がそろわないとできない

しぶき氷ができるには、冬になってもこおらない湖や池であること、つねに同じ方向に強い風がふいてしぶきが上がっていること、しぶきがこおりつくほど寒いことなど、いくつかの条件が必要です。

③見られる場所はかぎられている

そのため、しぶき氷はどこでも見られるわけではありません。日本でもできる場所はかぎられています。福島県の猪苗代湖、青森県と秋田県にまたがる十和田湖などでできるしぶき氷がよく知られています。

12月27日

気候・季節

日本が冬のとき、オーストラリアが夏なのはなぜ？

💡 ギモンをカイケツ！

オーストラリアは地球の南半分にあるから。

> オーストラリアだけでなく、地球の南半分はどこでも日本と季節が反対だぞ

🔍 これがヒミツ！

日本とオーストラリアと赤道の位置関係はこうなっているよ

①サンタクロースが夏にくる

日本ではサンタクロースは冬にやってくるものですが、オーストラリアでは夏にやってきます。なぜなら12月のオーストラリアは夏まっさかりだからです。

②地球の北半分と南半分のちがい

オーストラリアは赤道をはさんで日本の反対側にあります。日本は地球の北半分、オーストラリアは南半分にふくまれます。実は地球上では、北半分で太陽の位置が最も低くなる時期には、南半分では太陽の位置が最も高くなります。

③日本で太陽が高い夏、オーストラリアは冬になる

太陽の位置が高い場所は夏になり、低い場所は冬になります（→330ページ）。つまり、日本とオーストラリアは地球上で赤道をはさんで反対側にあるから、季節が反対になるのです。

column 07

重要ワード 自転と公転

地球の上にいるわたしたちはまったく感じないけれど、地球は宇宙空間のなかで、かなりのスピードで動いているんじゃよ

これだけでわかる！ 3POINT

❶ 地球はつねに、自転と公転という2種類の回転をしている。

❷ 地球は、少しかたむいた状態で公転している。

❸ このかたむきと太陽との位置関係が、季節を生みだす。

自転

地球が一日に1回、北極と南極を結ぶ軸を中心に、こまのように回転すること。

公転

地球が1年かかって、太陽のまわりを一周すること。なお自転の軸は、公転の面に直角な方向に対して、約23°かたむいている。

地球の北半分で、太陽の光が当たる時間が長くなる。
⇒北半分が夏になる。

地球の北半分で、太陽の光が当たる時間が短くなる。
⇒北半分が冬になる。

12月28日

雪形ってどんなもの？

ギモンをカイケツ！

山はだに雪がつくるもようを何かに見立てたもの。

山のそばにくらす人にとっては、春のおとずれを感じさせるもののひとつね

これがヒミツ！

①春がくるとあらわれる

冬の間に山に積もった雪は、春がくると少しずつとけます。すると、ところどころ山はだが見えて、雪の白と山はだの色がもようをつくるようになります。このもようの形を、生き物などに見立てたのが、雪形です。

鳥海山の「種まきじいさん」。4月下旬から5月上旬にあらわれ、田植えの準備をはじめる目安とされたというよ

②全国各地にある雪形

雪形は全国各地の山でみられるものですが、とくに有名なものとしては富士山の「農鳥」、秋田県と山形県にまたがる鳥海山の「種まきじいさん」、長野県の駒ケ岳の「駒（馬）」などがあります。

③農業にはとても重要だった

昔の人にとっては、雪形は単なる山はだに見えるもよう以上の意味をもっていました。というのも、「この雪形が見えたら、○○をする時期」というように、農作業の目安にしていたからです。

12月29日

天気の予測

AIは天気の予測に活用できるの？

ギモンをカイケツ！
活用はできるけれど、まかせることはできない。

> 最近、AIの活躍の場はどんどん広がっていますね

これがヒミツ！

> AIは異常気象（→89ページ）などに対応できないかもしれないということです

①人工知能ともよばれる

AI（人工知能）は、人間がおこなう知的な活動をコンピューターにおこなわせるしくみです。では、そのAIを天気の予測に利用することができるでしょうか。

②利用はすでにはじまっている

実は、AIはすでに天気予報に利用されています。現在の天気予報は数値予報というしくみによるもので、コンピューターなしには成立しません。そうしたなかで、たとえばコンピューターが出した計算結果を、人間が理解しやすい情報におきかえることは、AIにもおこなえます。

③AIにも弱点がある

ただ、AIが人間のように天気予報をおこなうのは、むずかしいのではないかと考えられます。その理由としては、AIは過去におこったことがないようなできごとは予測できないから、などがあげられます。

12月30日

ウィルソン・ベントレー

❓ どんな人？

一生をかけて雪の結晶を撮影しつづけた。

> 雪の結晶が本当に大好きだったんですね

👕 こんなスゴイ人！

①写真集『雪の結晶』を発表

アメリカで1931年に発行された『雪の結晶』という写真集があります。タイトルのとおり、2400点もの雪の結晶の写真をおさめたものですが、それらを撮影したのが、ウィルソン・ベントレーという人物でした。

> ベントレーの伝記絵本は、日本語にも翻訳されていますよ

②農業をしながら雪の結晶を撮影

ベントレーは、科学者でも気象の専門家でもありませんでした。農家に生まれ、みずからも農業を仕事としていました。一方で10代のころから雪の結晶の撮影に熱中し、なくなるまで数十年もの間にわたって、農業をしながら写真をとりつづけました。

③ぼう大な数の写真を残した

ベントレーが撮影した雪の結晶の写真は、5000枚以上にのぼるといいます。その一生はのちに伝記絵本になり、アメリカで高い評価を受けています。

12月31日 雨・雪・雷

日本でいちばん雪が積もったときの深さはどれくらい？

ビル3～4階建ての高さよ！

クイズ
1. 3m28cm
2. 5m66cm
3. 11m82cm

➡ こたえ ③ 滋賀県で11m82cm積もったのが最高記録。

これがヒミツ！

伊吹山は、琵琶湖の北東にあるよ

①ダントツのナンバーワン
日本でいちばん雪が積もった記録は、1927年2月14日に滋賀県にある伊吹山の山頂で観測された11m82cmです。2位は、2013年2月26日に青森県の酸ヶ湯で観測された5m66cmなので、その倍以上の積雪量だったことになります。

②大雪がふるのには理由がある
伊吹山は、若狭湾と伊勢湾にはさまれた、本州の最もせまい部分に位置しています。そのため、若狭湾で発生した雪をふらせる雲が太平洋側に抜けるときに、伊吹山にぶつかる形で大雪をもたらすと考えられています。

③これからも不滅の記録
現在、伊吹山で観測はおこなわれていませんが、約100年前のこの記録は、今後もやぶられることはないだろうと考えられています。

ジャンル別索引

☂ 雨・雪・雷

日付	タイトル	ページ
1月1日	冬になると雪がふるのはどうして？	18
1月8日	雪とみぞれってどうちがうの？	25
1月15日	雪にいろいろな姿があるのはなぜ？	32
1月22日	雪はどんな形をしているの？	39
1月29日	雪の結晶は何種類あるの？	46
2月6日	沖縄県でも雪がふることはあるの？	55
2月12日	かまくらは雪でできているのになぜあたたかいの？	62
2月19日	きらきらかがやくダイヤモンドダストはなぜおこるの？	71
2月26日	雪がふる前に道路で見かける白いつぶの正体は？	78
3月5日	雪国の住まいの工夫にはどんなものがあるの？	86
3月13日	雪は食べてもいいの？	94
3月19日	雪が積もっている日はどうして静かなの？	100
3月26日	なだれはどうしておこるの？	107
4月2日	なだれからにげるにはどうすればいいの？	115
4月9日	雨はどうしてふるの？	123
4月16日	ふった雨の水はどこに行くの？	130
4月23日	雨がふる前ぶれってあるの？	137
4月30日	夕立はなぜ夕方にふるの？	144
5月7日	雨つぶの落ちてくるスピードってどのくらい？	152
5月15日	雨つぶの大きさにちがいがあるのはどうして？	160
5月21日	日本でいちばんたくさん雨がふるのはどこ？	166
5月28日	日本でいちばん雨が少ない地域はどこ？	173
6月4日	ひょうってどんなもの？	181
6月11日	ひょうとあられって何がちがうの？	188
6月18日	雷はどうしておこるの？	195
6月25日	雨のいろいろな名前はどう使い分けるの？	202
7月2日	雷はどうしてジグザグに落ちるの？	211
7月9日	線状降水帯って何？	218
7月16日	雷の光と音がずれるのはどうして？	225
7月23日	日本でいちばん雷が多いのはどこ？	232
7月30日	世界でいちばん雷が多い場所がある国は？	239
8月6日	もし人間に雷が落ちたらどうなるの？	247
8月13日	「雷が鳴るとおへそをとられる」といわれるのはなぜ？	254

日付	タイトル	ページ
8月20日	避雷針ってどんなもの？	261
8月27日	火山の噴火でおこる雷ってどんなもの？	268
9月3日	雷のエネルギーはどのくらい？	276
9月10日	大きな雨つぶってどんな形をしているの？	283
9月17日	雷がゴロゴロいうのはなぜ？	291
9月24日	雷がきそうなときはどうすればいいの？	298
10月1日	雨がものをとかしちゃうことがあるのはなぜ？	306
10月8日	晴れているのに雨がふることがあるのはなぜ？	313
10月15日	雨のにおいって何のにおい？	320
10月22日	降水量の単位はどうしてmmなの？	327
10月29日	雨の強さにはどんな種類があるの？	334
11月5日	「豪雨」ってどんな雨のこと？	342
11月12日	ゲリラ雷雨はなぜおこるの？	350
11月19日	雨上がりにミミズをよく見かけるのはなぜ？	357
11月26日	シャボン玉で遊ぶなら雨の日がよいといわれるのはなぜ？	364
12月3日	豪雪地帯ってどんな場所？	372
12月10日	雪が引きおこすホワイトアウトってどんな現象？	379
12月17日	雪道を歩くときはどんなことに気をつければいいの？	386
12月24日	雪ってどれくらい重いの？	393
12月31日	日本でいちばん雪が積もったときの深さはどれくらい？	401

大気・風・雲

日付	タイトル	ページ
1月2日	アメリカではなぜ気温の単位がちがうの？	19
1月9日	冬の方が星空観察によいといわれるのはなぜ？	26
1月16日	温度計で温度がはかれるのはなぜ？	33
1月23日	大気はどうしてよごれてしまうの？	40
1月31日	大気って空のどこまでつづいているの？	48
2月7日	寒波って何？	56
2月13日	雲は何種類あるの？	63
2月20日	気象病ってどんな病気？	72
2月27日	PM2.5ってどんなもの？	79
3月6日	空気の重さってどのくらい？	87
3月14日	爆弾低気圧ってどんなもの？	95
3月20日	気団ってどんなもの？	101

日付	内容	ページ
3月27日	風と気流ってどうちがうの？	108
4月3日	高い山の上ではお湯がはやくわくのはなぜ？	116
4月10日	風はどうしてふくの？	124
4月17日	朝と夕方に風がふかなくなるのはどうして？	131
4月24日	移動性高気圧ってどんなもの？	138
5月1日	地球にはいつも同じ向きにふいている風があるのはなぜ？	146
5月8日	季節風ってどんな風？	153
5月16日	空っ風ってどんな風？	161
5月19日	山にかかる雲の正体は？	164
5月22日	やませってどんな風？	167
5月29日	つむじ風ってどんな風？	174
6月5日	「大気の状態が不安定」ってどういうこと？	182
6月12日	暑さの原因になるフェーン現象って何？	189
6月19日	世界にはどんな局地風があるの？	196
6月26日	湿度って何？	204
7月3日	積乱雲ってどれくらい大きくなるの？	212
7月10日	UFOのような形の雲の正体は？	219
7月17日	入道雲ってどんな雲？	226
7月24日	綿雲ってどんな雲？	233
7月31日	雲にいろいろな形があるのはどうして？	240
8月7日	入道雲ってどのくらい大きいの？	248
8月14日	雲ってどれくらいの高さにあるの？	255
8月21日	雲はどうして白いの？	262
8月31日	雲と煙はどうちがうの？	272
9月4日	ビル風ってどんな風？	277
9月11日	湯気と雲はどうちがうの？	284
9月18日	雲って何でできているの？	292
9月25日	空以外にできる雲ってどんなもの？	299
10月2日	うろこ雲（いわし雲）ってどんな雲？	307
10月9日	雲はなぜ空にうかんでいられるの？	314
10月16日	白い雲と黒っぽい雲があるのはどうして？	321
10月23日	雲と霧ってどうちがうの？	328
10月30日	高い雲はなぜみんな同じ方向に動くの？	335
11月6日	飛行機雲はどうしてできるの？	343
11月13日	長いロールケーキのような形の雲の正体は？	351

11月20日	風の力で発電できるのはなぜ？	358
12月4日	「〇〇おろし」ってどんな風？	373
12月11日	ロケット雲ってどんな雲？	380
12月18日	雲海はどうしてできるの？	387
12月25日	動物や人の顔に見える雲があるのはどうして？	394

ふしぎな現象

1月4日	御神渡りってどんな現象？	21
1月10日	オーロラはどうしてできるの？	27
1月18日	砂嵐はなぜおこるの？	35
1月24日	雨上がりに虹ができるのはなぜ？	41
2月1日	天使のはしごって何のこと？	50
2月8日	虹色じゃない虹ってあるの？	57
2月14日	樹氷はどうしてできるの？	66
2月21日	虹のふもとにはどうすれば行けるの？	73
2月28日	マジックアワーって何？	80
3月7日	高潮と津波ってどうちがうの？	88
3月15日	天割れってどんな現象？	96
3月21日	空に光の輪や虹色が見えることがあるのはなぜ？	102
3月28日	ブルーモーメントってどんな現象？	109
4月4日	さかさまの船が空にうかんで見えることがあるのはなぜ？	117
4月11日	いろいろな形の虹色はどうしてできるの？	125
4月18日	洪水はなぜおこるの？	132
4月25日	100年に一度の雨って、どれくらいの雨？	139
5月6日	干ばつって何？	151
5月9日	竜巻から身を守るにはどうすればいいの？	154
5月17日	竜巻はなぜおこるの？	162
5月23日	竜巻がおこるとどんな被害が出るの？	168
5月30日	竜巻ってどれくらいの大きさなの？	175
6月6日	竜巻はどのくらいの被害をもたらすの？	183
6月13日	ダウンバーストってどんなもの？	190
6月20日	大雨がふると土砂災害がおこるのはどうして？	197
6月28日	森が災害をふせぐといわれるのはなぜ？	206
7月4日	台風が多い地域の住まいはどんな工夫をしているの？	213

405

日付	タイトル	ページ
7月11日	台風とハリケーンやサイクロンってどうちがうの？	220
7月18日	台風はどうして強くなったり弱くなったりするの？	227
7月25日	台風の目って何？	234
8月1日	台風の「大型」とか「非常に強い」ってどういう意味？	242
8月8日	これまでで最も大きかった台風と最も強かった台風は？	249
8月16日	台風はなぜ動いているの？	257
8月22日	どうして台風は7月〜9月に多いの？	263
9月1日	台風の東側と西側、風が強いのはどっち？	274
9月5日	台風はどうしてうずを巻いているの？	278
9月12日	どうして沖縄県は台風が多いの？	286
9月19日	これまでで最も大きな被害を出した台風は？	293
9月26日	台風の進む方向はどのように予測するの？	300
10月3日	台風がきそうなときはどうすればいい？	308
10月11日	ハリケーンに人の名前がついているのはなぜ？	316
10月17日	台風の番号にはどんなルールがあるの？	322
10月24日	冬でも台風が生まれることはあるの？	329
10月31日	台風の進路予想図ってどう見ればいいの？	336
11月7日	虹の色の数が国によってちがうのはなぜ？	344
11月14日	虹色をまとう人の影ができることがあるのはなぜ？	352
11月21日	幻日ってどんな現象？	359
11月28日	ダブルレインボーってどんな現象？	366
12月5日	島がういているように見えることがあるのはなぜ？	374
12月12日	霧が河口に流れ出すことがあるのはなぜ？	381
12月19日	つららはなぜできるの？	388
12月26日	しぶき氷ってどんな現象？	395

気候・季節

日付	タイトル	ページ
1月5日	山にかこまれた土地は雨や雪が少ないのはなぜ？	22
1月11日	氷河時代って何？	28
1月19日	地球温暖化と気候変動ってどうちがうの？	36
1月25日	気象と気候って何がちがうの？	42
2月2日	どうして砂漠には雨がふらないの？	51
2月9日	北海道が寒くて沖縄県があたたかいのはなぜ？	58
2月15日	地球温暖化によってなくなるかもしれない国ってどこ？	67

日付	内容	ページ
2月22日	今まででいちばん寒かった日の気温はどれくらい？	74
3月1日	「寒のもどり」ってどういう意味？	82
3月8日	異常気象ってどんなもの？	89
3月16日	600℃の法則って何？	97
3月22日	春分の日や秋分の日って、どんな意味があるの？	103
3月29日	桜前線って何？	110
4月5日	桜の開花日どのように判断するの？	118
4月12日	菜種梅雨って何？	126
4月19日	春になっても富士山の上に雪があるのはなぜ？	133
4月26日	温室効果ガスって何？	140
5月3日	海の水が気候に影響をあたえるのはなぜ？	148
5月10日	大昔の気候はどうすればわかるの？	155
5月18日	同じ時刻でも季節によって明るさがちがうのはなぜ？	163
5月25日	日本は世界のなかでは暑い方？ 寒い方？	170
5月31日	北海道には梅雨がないのはなぜ？	176
6月7日	どうして梅雨の時期は雨の日が多いの？	184
6月14日	梅雨はどうして「梅雨」というの？	191
6月21日	五月晴れってどういうこと？	198
6月29日	梅雨入りや梅雨明けはどうやってわかるの？	207
7月5日	空梅雨はなぜあるの？	214
7月12日	梅雨になるとカビが生えやすいのはなぜ？	221
7月20日	ヒートアイランド現象ってどんなもの？	229
7月27日	サマータイムってどんなもの？	236
8月2日	夏はどうして暑いの？	243
8月9日	冷夏って何？	250
8月17日	今まででいちばん暑かった日の気温はどれくらい？	258
8月23日	地球温暖化ってどういうこと？	264
8月29日	地球温暖化を止めるにはどうすればいいの？	270
9月7日	小春日和ってどういうこと？	280
9月13日	どうして「秋の空は高い」といわれるの？	287
9月20日	火山が気候に影響をあたえることがあるのはなぜ？	294
9月27日	気候変動の影響で増える災害ってどんなもの？	301
10月4日	秋に木の葉が落ちるのはなぜ？	309
10月12日	気候変動が食べ物に影響をあたえるのはなぜ？	317
10月18日	なぜ気候変動で感染症が増えるかもしれないの？	323

日付	内容	ページ
10月25日	季節はどうしてあるの？	330
11月2日	秋に木の葉の色がかわるのはなぜ？	339
11月8日	熱帯や温帯って何のこと？	345
11月15日	季節は春夏秋冬以外にもあるの？	353
11月22日	恐竜の絶滅と気候にどんな関係があるの？	360
11月29日	南極や北極はどうしてあんなに氷だらけなの？	367
12月6日	冬に静電気がおこりやすいのはなぜ？	375
12月13日	エルニーニョ現象がおこるとどうなるの？	382
12月20日	冬至や夏至ってどんな意味があるの？	389
12月27日	日本が冬のとき、オーストラリアが夏なのはなぜ？	396

2 天気と生活

日付	内容	ページ
1月6日	冬にかぜをひきやすいのはなぜ？	23
1月13日	人間が寒さで死んでしまうことがあるのはなぜ？	30
1月20日	寒いときに鳥はだが立つのはなぜ？	37
1月26日	しもやけはどうしてできるの？	43
2月3日	寒いとどうして息が白くなるの？	52
2月10日	寒い日に窓の内側がぬれるのはなぜ？	60
2月17日	こおった湖で魚がつれるのはなぜ？	69
2月23日	冬に水道管が破裂することがあるのはなぜ？	75
3月2日	春になると花粉症の人がつらそうなのはなぜ？	83
3月9日	天気は人間の手でかえられるの？	90
3月17日	百葉箱って何？	98
3月24日	「春に3日の晴れなし」といわれるのはなぜ？	105
3月30日	黄砂って何？	111
4月6日	くもりの日は気温の変化が小さいのはなぜ？	119
4月13日	「カエルが鳴くと雨」といわれるのはなぜ？	127
4月20日	「太陽がかさをかぶると雨」といわれるのはなぜ？	134
4月28日	「ツバメが低く飛ぶと雨」といわれるのはなぜ？	142
5月4日	晴れてほしいときにてるてる坊主をつるすのはなぜ？	149
5月12日	地震の前ぶれの雲があるって本当？	157
5月26日	暑い日に水をまくとすずしくなるのはなぜ？	171
6月2日	6月1日はなぜ気象記念日なの？	179
6月8日	雨の日はなぜ洗濯物がかわきにくいの？	185

6月16日	光化学スモッグってどんなもの？	193
6月22日	熱中症をふせぐにはどうすればいいの？	199
6月30日	暑い日に景色がゆらゆらすることがあるのはなぜ？	208
7月6日	熱中症ってどんな病気？	215
7月15日	夏バテはどうしておこるの？	224
7月21日	うちわであおぐとすずしいのはなぜ？	230
7月28日	植物があるとすずしくなるのはなぜ？	237
8月3日	どうして暑いと汗が出るの？	244
8月10日	太陽の光をあびると日焼けするのはなぜ？	251
8月18日	熱帯夜ってどんな夜？	259
8月25日	一日のうちでいちばん暑い時間、寒い時間はいつ？	266
9月2日	日焼け止めで日焼けをふせげるのはなぜ？	275
9月8日	「遠くの音が聞こえたら雨」といわれるのはなぜ？	281
9月14日	太陽の光が当たるとあたたかいのはなぜ？	288
9月22日	「煙がまっすぐのぼれば晴れ」といわれるのはなぜ？	296
9月28日	「髪にくしが通りにくいと雨」といわれるのはなぜ？	302
10月6日	「○○の秋」とよくいわれるのはどうして？	311
10月13日	「星がたくさん見えると晴れ」といわれるのはなぜ？	318
10月19日	「朝に虹が出ると雨」といわれるのはなぜ？	324
10月26日	「ネコが顔を洗うと雨」といわれるのはなぜ？	331
11月4日	「夕焼けの次の日は晴れ」といわれるのはなぜ？	341
11月10日	月が赤く見えることがあるのはなぜ？	348
11月16日	晴れた空はどうして青いの？	354
11月23日	どうして山の天気はかわりやすいの？	361
11月27日	「山に笠雲がかかると雨」といわれるのはなぜ？	365
11月30日	夕方の空が赤いのはどうして？	368
12月7日	「カメムシが多いと雪が多い」といわれるのはなぜ？	376
12月14日	太陽光発電はくもりでも電気をつくれるの？	383
12月21日	「飛行機雲がすぐ消えると晴れ」といわれるのはなぜ？	390
12月28日	雪形ってどんなもの？	398

🐓 天気の予測

1月7日	「平年なみ」ってどういう意味？	24
1月14日	「西から天気は下り坂」ってどういう意味？	31

1月21日	天気って全部で何種類あるの？	38
1月27日	気圧の谷って何？	44
2月4日	「暦のうえではもう〇〇」ってどういう意味？	53
2月11日	春一番って何のこと？	61
2月18日	季節予報ってどんなもの？	70
2月24日	コンピューターは天気予報にどのように利用されているの？	76
3月3日	天気予報はどのくらい当たるの？	84
3月11日	降水確率ってどうやって計算しているの？	92
3月18日	晴れと快晴って何がちがうの？	99
3月25日	風速10m/sの風ってどんな風？	106
3月31日	天気が「不明」なのってどんなとき？	112
4月7日	天気図の記号って何種類あるの？	120
4月14日	気象庁って何？	128
4月21日	注意報や警報って何？	135
4月29日	「時々雨」と「一時雨」ってどうちがうの？	143
5月5日	「うすぐもり」ってどういうこと？	150
5月13日	雨雲レーダーってどんなもの？	158
5月20日	アメダスって何？	165
5月27日	風船を使って気象観測ができるの？	172
6月3日	気象予報士ってどんな仕事？	180
6月9日	前線って何？	186
6月17日	宇宙天気予報ってどんなもの？	194
6月23日	気象大学校ってどんなところ？	200
7月1日	どこまで「東日本」でどこから「西日本」なの？	210
7月7日	天気図にたくさん引いてある線は何？	216
7月13日	天気予報で聞く「ひまわり」って何？	222
7月22日	「未明」と「明け方」ってどうちがうの？	231
7月29日	風の強さってどうやってはかるの？	238
8月4日	真夏日や猛暑日って何？	245
8月11日	暑さ指数って何？	252
8月19日	熱中症警戒アラートってどんなもの？	260
8月26日	「たいふういっか」ってどういうこと？	267
8月28日	気象予報士にはどうしたらなれるの？	269
9月9日	天気の予測に使われた「天気管」ってどんなもの？	282
9月16日	秋雨前線って何？	290

9月23日	風の強さは何種類あるの？	297
9月30日	「東よりの風」「西よりの風」ってどういう意味？	304
10月7日	降灰予報ってどんなもの？	312
10月14日	気象台ってどんなところ？	319
10月20日	低気圧と高気圧って何？	325
10月27日	天気予報はどうやってしているの？	332
11月3日	特異日って何？	340
11月11日	木枯らし1号って何のこと？	349
11月18日	低気圧があるとどうして天気が悪くなるの？	356
11月24日	天気図って何？	362
12月1日	「せいこうとうてい」ってどういうこと？	370
12月9日	気象予報士と予報官って何がちがうの？	378
12月15日	昔の人はどうやって天気を予測していたの？	384
12月22日	「冬将軍」って何？	391
12月29日	AIは天気の予測に活用できるの？	399

📖 人・できごと

1月3日	アンデルス・セルシウス	20
1月12日	ミルティン・ミランコビッチ	29
1月17日	ガリレオ・ガリレイ	34
1月28日	ブレーズ・パスカル	45
1月30日	土井利位	47
2月5日	ジョン・ジェフリーズ	54
2月16日	エルヴィン・クニッピング	68
2月25日	ジョン・フォン・ノイマン	77
3月4日	エドワード・ローレンツ	85
3月10日	正野重方	91
3月12日	中谷宇吉郎	93
3月23日	3月23日が「世界気象デー」になったのはなぜ？	104
4月1日	ユーニス・ニュートン・フット	114
4月8日	ユルバン・ルヴェリエ	122
4月15日	ジャン・バティスト・ジョゼフ・フーリエ	129
4月22日	野中至	136
4月27日	ジョン・ティンダル	141

日付	項目	ページ
5月2日	ジョージ・ハドレー	147
5月11日	クロード・ロリウス	156
5月14日	ガブリエル・ファーレンハイト	159
5月24日	藤田哲也	169
6月1日	日本で最初の天気予報はどこで見ることができた？	178
6月10日	中西敬房	187
6月15日	ベンジャミン・フランクリン	192
6月24日	織田信長	201
6月27日	リヒャルト・アスマン	205
7月8日	オットー・フォン・ゲーリケ	217
7月14日	気象衛星ひまわりが最初に打ち上げられたのはいつ？	223
7月19日	藤原咲平	228
7月26日	岡田武松	235
8月5日	ルイス・フライ・リチャードソン	246
8月12日	ガイ・スチュワート・カレンダー	253
8月15日	新田次郎	256
8月24日	スヴァンテ・アレニウス	265
8月30日	チャールズ・デビッド・キーリング	271
9月6日	ガスパール・ギュスターヴ・コリオリ	279
9月15日	フレデリック・ウィリアム・ハーシェル	289
9月21日	宮沢賢治	295
9月29日	オラス・ベネディクト・ド・ソシュール	303
10月5日	真鍋淑郎	310
10月10日	1964年の東京オリンピックの開会式が10月10日だった大きな理由は？	315
10月21日	エヴァンジェリスタ・トリチェリ	326
10月28日	ヴィルヘルム・ビヤークネス	333
11月1日	木村耕三	338
11月9日	ウラジミール・ペーター・ケッペン	346
11月17日	ジョン・ウィリアム・ストラット	355
11月25日	ハインリヒ・ブランデス	363
12月2日	平賀源内	371
12月8日	日本で1941年にとつぜん天気予報がなくなったのはなぜ？	377
12月16日	クリストファー・コロンブス	385
12月23日	ナポレオン・ボナパルト	392
12月30日	ウィルソン・ベントレー	400

用語索引

あ

伊勢湾台風 ……………… 223, 293
雨季 ……………………………… 353
海風 ……………………………… 131
雲量 ………………………… 99, 150
エアロゾル …………………… 292
大雨 ……………………………… 342
小笠原気団
　　……… 101, 184, 207, 214, 250, 290
オホーツク海気団 ……… 184, 214
温帯低気圧 ……………… 227, 379
温暖前線 ……………………… 186

か

下位しんきろう ……………… 374
海氷 ……………………………… 367
海流 ……………………………… 148
確率降水量 …………………… 139
陽炎 ……………………………… 208
下降気流 ………… 108, 234, 325
笠雲 ………………………… 164, 365
火山灰 ……………… 294, 295, 312
華氏 ………………………… 19, 20, 159
下層雲 …………………………… 63, 99
乾季 ……………………………… 353
観天望気 ………………… 187, 384
寒流 ……………………………… 148
寒冷前線 ……………………… 186
気化熱 ………… 171, 205, 237, 244
気候モデル …………………… 310
気象衛星 ………… 222, 223, 332
きつねの嫁入り ……………… 313
旧暦 ………………………… 53, 198

　

強風域 ………………………… 336
局地的大雨 …………………… 342
局地風 …………………… 196, 373
結晶 …………… 32, 39, 46, 47, 93, 400
巻雲 ……………………………… 63
巻積雲 ……………… 63, 287, 307
巻層雲 ………………………… 63
恒常風 …………………… 146, 147
降水確率 ……………………… 92
高積雲 ……………………… 63, 307
高層雲 ………………………… 63

さ

酸性雨 ………………………… 306
ジェット気流 ………………… 108
紫外線 …………………… 251, 275
地震雲 ………………………… 157
10種雲形 …………………… 63, 64
シベリア気団 …… 101, 126, 391
シベリア高気圧 …………… 138
上位しんきろう ……………… 117
蒸散 ……………………………… 237
上昇気流
　　……… 108, 162, 234, 325, 356, 361
上層雲 …………………………… 63, 99
暑季 ……………………………… 353
人工降雨 ………………………… 90
数値予報 … 77, 85, 246, 300, 333, 399
スーパーセル ………………… 212
成層圏 …………………… 48, 294
静電気 …………………… 291, 375
積雲 …………… 63, 226, 248, 255
赤外線 …………………… 288, 289

413

積乱雲 63, 137, 144, 162, 182, 188, 190, 195, 211, 212, 218, 226, 248, 255, 291, 298, 299, 350
摂氏 19, 20
層雲 63, 387
層積雲 63, 387

た

太平洋高気圧 138, 257, 263
太陽光発電 306, 383
対流圏 48
暖流 148
中間圏 48
中層雲 63, 99
停滞前線 186
天気雨 313

な

夏日 245
二十四節気 53
熱圏 48
熱帯低気圧 220, 227, 235

は

梅雨前線 176, 184, 207, 214
バタフライ効果 85
ハロ 102, 125, 134, 359
氷晶 39
氷床 156, 367
風力発電 306, 358
藤田スケール 169
冬日 245

ブロッケン現象 352
平年値 24
偏西風 31, 105, 111, 146, 280, 335, 385
貿易風 146, 382, 385
放射 288
放射霧 328, 387
暴風域 336
暴風警戒域 336

ま

真夏日 245
真冬日 245
猛暑日 245

や

揚子江気団 101
予報円 336

ら

乱層雲 63
陸風 131
レイリー散乱 355
レンズ雲 219
ロール雲 351

参考資料

ウェブサイト
- 環境省
- 気象庁ならびに各気象台
- 国立国会図書館
- 名古屋大学宇宙地球環境研究所
- 日本気象学会
- 日本気象協会
- World Population Review

　　　　　　　　　　　　　　　　　　　　　　　　　　ほか

書籍
- 『お天気キャスター森田さんの天気予報がおもしろくなる108の話』森田正光 著／PHP研究所（1997年）
- 『学研の図鑑LIVEeco 異常気象 天気のしくみ』武田康男 監修／Gakken（2018年）
- 『気候の大研究』仁科淳司 監修／PHP研究所（2023年）
- 『こども気象学』隈健一 監修／新星出版社（2022年）
- 『天気と気象の事典』武田康男 著／永岡書店（2022年）
- 『ドラえもん科学ワールド 天気と気象の不思議』大西将徳ほか 監修／小学館（2014年）
- 『人と技術で語る天気予報史』古川武彦 著／東京大学出版会（2012年）
- 『ポプラディア情報館 天気と気象』武田康男 監修／ポプラ社（2006年）
- 『身近な気象のふしぎ』近藤純正 著／東京大学出版会（2023年）
- 『やさしい気候学 第4版』仁科淳司 著／古今書院（2019年）

　　　　　　　　　　　　　　　　　　　　　　　　　　ほか

監修

武田康男(たけだ・やすお)

空の探検家・気象予報士・空の写真家。1960年東京都生まれ。東北大学理学部卒業。高校教諭を経て、第50次日本南極地域観測越冬隊員として観測業務に従事。現在は、複数の大学で客員教授や非常勤講師を務める。主な著書に『天気と気象の事典』(永岡書店)、『空の探検記』(岩崎書店、第66回産経児童出版文化賞)、『天気も宇宙も！ まるわかり空の図鑑』(エムディエヌコーポレーション)などがある。日本気象学会会員。日本自然科学写真協会理事。

写真提供　気象庁／だいち ゆうと／翔夢（TSUBASA）／Ansbach／photolibrary／PIXTA

1日1ページで身につく
イラストでわかる天気の教養365

2025年1月30日　初版第1刷発行

監　修	武田康男
発行者	出井貴完
発行所	SBクリエイティブ株式会社 〒105-0001　東京都港区虎ノ門2-2-1
装　幀	Q.design（別府 拓）
組　版	クニメディア株式会社
編集・製作	**株式会社KANADEL**
執筆協力	北清りか、山内ススム
イラスト	たなかのりこ（キャラクター）、坂川由美香（AD・CHIAKI）、佐藤真理子、柴田かおる（図解）
校　正	有限会社 一梓堂
担当編集	鯨岡純一
印刷・製本	三松堂株式会社

本書をお読みになったご意見・ご感想を下記URL、QRコードよりお寄せください。
https://isbn2.sbcr.jp/28420/

乱丁・落丁本が万一ございましたら、小社営業部まで着払いにてご送付ください。送料小社負担にてお取り替えいたします。本書の内容の一部あるいは全部を無断で複写（コピー）することは、かたくお断りいたします。本書の内容に関するご質問等は、小社学芸書籍編集部まで必ず書面にてご連絡いただきますようお願いいたします。

© SB Creative Corp. 2025 Printed In Japan
ISBN978-4-8156-2842-0